生物学！

A New Century of Biology

新しい科学革命

ジョン・クレス＋ゲーリー・バレット［編］大岩ゆり［訳］

築地書館

A New Century of Biology

Translated by Yuri Oiwa
Published in Japan
by
Tsukiji-shokan Publishing Co., Ltd.

訳者まえがき

私は科学記者として、おもに生命科学分野の取材をしてきた。そのなかで、今回の『生物学！——新しい科学革命』の翻訳は新鮮な体験だった。生命の最小単位である細胞レベルから地球全体の生態系レベルまで、幅広く多層な生命をとらえる視点に接することができたからだ。大学の研究会などにおけるふだんの取材では、細胞レベルよりもっとミクロな遺伝子レベルの話がよく出てくる。そんなミクロな世界もグローバルな世界と有機的に関係しており、それをきちんと踏まえないと生命の本質を理解することはできない。『生物学！——新しい科学革命』は、そのことを改めて認識させてくれた。

原著は、アメリカとイギリスの著名な生物学者たちが、二〇〇〇年のミレニアムを機に開いたシンポジウムをもとに書かれた。執筆者はみな、生物学のさまざまな分野の第一人者だ。序文を書いたマイヤー博士や第8章のジャンセン博士、第9章のウィルソン博士をはじめ、日本語訳された著書がたくさんあったり、日本の代表的な科学賞である京都賞や国際生物学賞を受賞したりするなど、日本でもよく知られた科学者が多い。

そのシンポジウム「生物学——新しい千年紀への挑戦」は、二〇世紀の生物学を総括し、二一世紀に横たわる課題を俯瞰する目的で開かれた（詳細は巻末の謝辞を参照）。人口増加や経済発展などにともなう急激な地球環境の悪化に対し、生物学者は緊急に対応しなければいけない、という危機感があってのことだ。

参加した生物学者たちは前提として、二〇世紀、少なくとも二〇世紀の後半は生物学の世紀であり、二一世紀も引き続き生物学の世紀になるだろうという共通認識をもっている。

この認識は、生物学者たちだけがもっているのではない。世界各国の政策や経済を見ると、政治家から経済人まで、さまざまな分野のさまざまな職種の人々が共有する認識であることがわかる。

たとえば日本では昨年、政府が「バイオテクノロジー戦略大綱」を作成した。生命科学関連の研究開発予算を強化し、まず二〇一〇年を目標に、がん患者の五年生存率を二〇ポイント改善する、再生医療を実用化し、糖尿病患者に対してインシュリン注射の代わりにインシュリン分泌細胞を体内に移植する治療法を開発する、食品中の残留農薬の検出がすばやくできるようにする、ことなどを目指している。

このような大綱ができたのは、生命科学が医学や農業、環境、エネルギーなど人間生活のさまざまな側面に大きな影響をもたらしており、関連産業の発展も期待されている、という認識があるからだ。

アメリカやEU、韓国や中国、タイ、台湾、シンガポールなども、次々と生命科学やそこから派生するバイオテクノロジーの研究開発を推進する政策を打ち出している。扱われている生命科学やバイオテクノロジーの土台は、『生物学！――新しい科学革命』に記されているような生物学の各分野の研究だ。二一世紀も生物学の世紀になるという認識は、このような現状も反映している。

『生物学！――新しい科学革命』全体を通し、これだけ影響力の大きくなった生物学が生命現象全体をより的確に見渡すためには、生物学のなかの諸分野の統合や融合が必要だ、というメッセージが繰り返し主張されている。分子生物学と細胞生物学、進化学、発生生物学、形態学などの間の融合は最近かなり進んでいる。しかし分子生物学と生態学や行動学のように、まだまだ隔たりの大きい分野はたくさんある。そういった各専門分野間の統合により、どんな新しい地平線の開ける可能性があるのか。本書は多様な視点から描いている。

さらに第9章ではウィルソン博士が、生物学内部の統合にとどまらず、生物学と物理学や化学などほかの科学の分野との統合、さらには科学と人文科学、そして社会科学の統合も必要だと主張している。この統合をウィルソン博士はconsilienceという単語で表現している。単語の定義については第9章に詳しく書かれているが、日本語に訳すにあたっては、ほかの章でしばしば登場する「統合」「融合」といった言葉と区別するために、「一体化」とした。

科学と人文科学や社会科学の一体化の必要性については、科学者や社会科学者ら専門家よりも一般市民のほうがすんなりと同意できるかもしれない。たとえば、クローン人間の問題について考えてみれば明らかだ。クローン技術の確立は一九六〇年代。カエルのクローンが最初だった。一九九七年に哺乳類のヒツジに応用された後、またたく間にウシやマウス、ウサギなどへと哺乳類のなかで応用が広がりつつある。クローン人間が技術的に可能になるのは時間の問題だろう。クローン人間づくりについては世界的に禁止の方向で合意ができている。しかし、治療用に人のクローン胚をつくることについては、世界各国で意見が分かれる。

これは科学者だけで考えられる問題ではない。人文科学者や社会科学者の視点が欠かせない。逆に地域開発や気候変動の問題については、企業人や政治家だけでなく、生物学者、とくに生態学者の意見が不可欠だ。バイオテクノロジーの進展も環境悪化も、「世紀」といったゆったりした時間の枠組みではなく、「年」あるいは「月」という単位で動いている。その緊迫感をひしひしと感じている『生物学！——新しい科学革命』の著者たちの多くは、生物学者ももっと政治的、社会的に発言するべきだと主張する。

日本の生物学者、とくに現役の生物学者には、この提言をぜひ実施していただきたい。日本の生物学者たちは、政治・社会問題についてはもとより、科学に関しても自分の専門分野以外については発言を控える、という謙虚な人が多いと思う。実際、クローン問題についても、科学者はあまり発言していない。しかし、生物学の社会にもたらす影響がこれだけ広範囲にわたる今、きちんと最先端の研究動向がわかった現役の生物学者に、自分の研究分野以外についても、生物学全体のなかの位置づけやさらには社会全体のなかでの位置づけについて考えながら、生物学教育をはじめ社会的な問題に関してももっと声をあげ、もっと政治的に振るまってほしい。

統合的な生物学を目指そうという考え方は、社会問題に対応する必要性を十分に意識した、欧米の生物学者のなかの機運の変化を反映したものだ。

今からちょうど五〇年前、ワトソンとクリックらがＤＮＡは二重螺旋《らせん》構造をしていると解明した。分子生物学の幕開けである。分子生物学の隆盛で、生命の現象を可能な限り細かく分析し、還元主義的にとらえようという研究方法が一般化した。これは、かつて「生物学は科学ではない」といった批判があったことを考えると、ある意味で仕方ないだろう。しかし、人類をはじめマウスやフグ、線虫などさまざまな生物のゲノムが次々に解読されている現在、欧米の生物学者たちは、今一度、原点を思い出す必要があると考えている。

たとえば『生物学！——新しい科学革命』の原文には、しばしば organismal biology という言葉が出てくる。岡田節人・京都大学名誉教授は著書『ヒトと生きものたちの科学のいま』（岩波書店、二〇〇一年）のなかで、organismal biology の根底となる概念 organicism を「オルガニシズム」と紹介し、「生物においては部分の総和イコール全体ではない……部分は制約された自らの役割を固定的に演ずるだけではなく、必要に応じてお互いに調節しつつ全体に奉仕するからである。……生気論とは絶縁した上での立場・思想により……調和等能系を生物の本性として把握する立場を、オルガニシズムという」と定義している。

organismal biology は、単純化していえば、主としてマウスの遺伝子だけを見る「分子生物学」などに対して、マウス一匹全体、さらにはマウスの群れや、群れがすむ環境を研究するような生物学を指す。「博物学」と相通じるところのある生物学だ。本来、生物学というのはそのようなものだったのに、あえてこのような言い方をするのは、遺伝子や細胞レベルだけではなく個体や群集のレベルで研究しなければ、地球上の複雑な生命現象の全体像はわからず、環境問題などに対応できない、という思いが、欧米の生物学者のなかでは高まっているからだろう。

岡田教授は、分子生物学者を中心とする「還元的かつ普遍的な研究指向の研究者」たちは生物多様性や生体調節攪乱環境因子（いわゆる環境ホルモン）などの問題に注意を払わず、社会からも問題解決に参加するように要請されることが少ないと指摘。その傾向が日本で強いのは、「日本の科学の輸入品的性格による後進性を象徴している」と批判する。

本書では結局、organismal biology には定訳をつけずに「生物個体を対象とする生物学」などと文脈に応じて訳した。その表現の背景に、還元主義を踏まえたうえで今一度、生命現象全体を見ようという生物学者たちの姿勢があることを、頭の片隅に入れておいていただきたい。

本書は、ミクロレベルからマクロレベル、つまり細胞レベルから生態系レベルへという順序で構成されている。ただし最初から順番に読む必要はない。むしろ第1章は最後に読んだほうがわかりやすい。第9章だけは後半に読んだほうが落ち着きがいいだろう。内容の専門性は著者によってばらつきがある。第3章と第5章は、発生生物学や行動学の知識がある程度ないとやや難しいかもしれない。そこで挫折しそうな場合はほかの章を先に読んでいただきたい。読みづらいとは思ったが、興味のある方がインターネットなどで検索しやすいように、人名と組織名には原文を併記した。

お名前はあげないが、翻訳を仕上げるにあたり貴重なアドバイスをいただいた科学者たちにお礼を申し上げたい。当然のことだが翻訳の責任はすべて私にある。言葉足らずの点や誤りについてはご教示いただければ幸いだ。

私は昔から生物学が好きだった。九〇歳を過ぎたマイヤー博士が「生物学者という仕事は楽しい！」と書いているのを読み、つくづくそうだろうなとうらやましく思う。いきいきと生物学を研究している、これだけ多彩な生物学者の著作にいっぺんに触れることができたという意味で、この本を翻訳する機会を与えていただいたのは幸せだった。築地書館の橋本ひとみさんと土井二郎さんには、辛抱強くおつきあいいただいた点についても深く感謝したい。

二〇〇三年三月

大岩ゆり

目次

第2章　種の起源とバクテリア――ネオ・ダーウィニズムの終焉

マーギュリス（Lynn Margulis）

生物学！——新しい科学革命

序

二一世紀の生物学

マイヤー Ernst Mayr

現役の生物学者、とくに若い生物学者たちは、「生物学」がいかに新しい科学であるか、意識していないかもしれない。生物学の歴史を少し振り返ってみよう。

この分野の研究は紀元前三世紀、アリストテレス（Aristotle）によって前途を嘱望されたスタートを切った。アリストテレスは優れた博物学者だった。とくに海洋動物について大変に詳しい研究家であった。同時に生理学や発生学にも興味をもっていた、すばらしい研究者だった。ところが、せっかく頼もしいスタートを切ったのに、その後約二〇〇〇年にわたり、ほとんど後に続く研究者がいなかった。一六世紀から一八世紀にかけて起きたいわゆる「科学革命」の時代。ガリレオ（Galileo Galilei）、ケプラー（Johannes Kepler）、ニュートン（Isaac Newton）、デカルト（René Descartes）といった科学者たちが、物理学や天文学などの分野で次々と偉大な発見をしているとき、生物学はいったいどうなっていたのだろうか？

もちろん、生物に対する興味はいつの時代にもあった。しかし、統合的な科学にはなっていなかった。生物を研究する人びとは、二つの陣営に分かれていた。ひとつは、博物学の陣営。このグループの人びとは、自然を神学的な立場で研究し、ほとんど完璧に近い神の手によるデザインの証として、自然界で次々と新しい種を発見していった。彼らの記録は生命の歴史や生物の適応について驚くような事実を教えてくれるが、当時はそれが「科学」とは見なされていなかった。

もうひとつの陣営は医学だった。ベサリウス（Andreas Vesalius）に代表される解剖学やハーベイ（William Harvey）に代表される発生学、生理学の分野などでは、すばらしい業績が残っている。当時の薬はすべて薬草から抽出してつくられており、実用上も植物の種類を正確に知る必要があったことから、植物学の研究も精力的に進められた。一六世紀から一八世紀末までの主要な植物学者はレイ（John Ray）を除いてすべて医師だった。「分類学の創始者」と呼ばれるリンネ（Carolus Linnaeus）も例外ではない。

フランスの動物学者ラマルク（Jean-Baptiste de Lamarck）と二人のドイツ人研究者がそれぞれ一八〇〇年前後に、生きているものの世界についての研究を「生物学」という言葉で表わした。三人とも、まだ存在しない、生命の世界を対象にした科学を発展させる必要性を訴えた。しかし、まずは科学者たちがもっと生物についての知識を蓄えるまで、生物学は成立しなかった。まず、生物学のなかの主要な分野が確立するのが先だった。それは一八二八～六六年の三八年間に実現した。フォン＝ベーア（Karl Ernst von Baer）により発生学（一八二八年）、シュバン（Theodor Schwann）やシュライデン（Matthias Schleiden）により細胞学（一八三〇年代）、ベルナール（Claude Bernard）やヘルムホルツ（Hermann Helmholtz）により生理学（一八四〇年代）、ウォレス（Alfred Russel Wallace）やダーウィン（Charles Darwin）により進化学（一八五八～五九年）、メンデル（Gregor Mendel）により遺伝学（一八六六年）の基礎がそれぞれ築かれた。

しかし、本当の意味での統合は、その後七五年たたないと実現しなかった。それまで、生理学や発生学といった機能的な生物学は進化生物学や遺伝学の成果を無視していたし、その逆に進化学や遺伝学では、生理学や発生学の成果を無視していた。しかも、それぞれの分野の内部における、主だった争点に決着をつけることが先決だった。

進化生物学においては、一九三〇年代初期には二つの学派があった。ひとつは、進化のメカニズムに興味をもち、ある人口内における突然変異や適応のもたらす影響を調べる、実験遺伝学の研究者グループ。もうひとつは博物学者や分類学者、古生物学者のグループで、種の分化のようなマクロな進化、つまり生物多様性にもっぱら関心をもっていた。一九三七〜四七年にかけ、両グループがお互いの視点を理解しあい、統合が実現した。いわゆる「進化的統合」だ。その中身は、伝統的なダーウィニズムの考え方、突然変異と自然選択による進化への回帰だった。

その次の主要な出来事は、エイブリ（Oswald Avery）やワトソン（James Watson）、クリック（Francis Crick）の発見によりもたらされた、分子生物学の創設だった（一九四四〜五三年）。彼らの発見は進化学に革命をもたらすだろうと予測されたが、実際にはそうならなかった。分子生物学は詳細な分析を可能にしたが、ダーウィニズムの理論を論破するにはいたらなかった。分子生物学により、遺伝をになう物質はたんぱく質ではなく核酸であることや、遺伝をになう「暗号」はバクテリアを含めたすべての生物に共通しており、生命の起源はひとつだと示唆されることなどが明らかになった。しかし、ダーウィンの提示した枠組みとは矛盾しなかった。たぶん分子生物学の最大の貢献は、数十年間ほとんど眠った状態だった発生生物学に活気を取り戻したことだろう。過去五〇年間を「核酸の時代」と呼ぶことができるかもしれない。しかし、DNAはたんに情報と指示を与えるだけで、実際の発生過程にかかわっているのはたんぱく質だ。私は、これからの五〇年間は「たんぱく質の時代」になると予想している。

ここで将来に目を向けてみよう。ここまでに記述したような生物学のさまざまな業績により、生物学の課題はすべて片づいたと言えるだろうか？　とんでもない！　確かに、現代生物学の理論的枠組みは非常に確固としたものだ。進化生物学のように議論がやまない分野においてすら、現在広く受け入れられている理論はダーウィンがもともと提唱していた理論と非常によく似ている。

しかし過去五〇年の間に、生物学の基礎となる哲学は、カルナップ（Rudolf Carnap）やニューラート（Otto Neurath）からポパー（Karl Popper）やクーン（Thomas Kuhn）にいたるまでのウィーン学派の影響が強い伝統的な科学哲学とは、かなり異なったものになった。生物には物理学的方法では研究できない特別な力があるという「生気論」的な理論や宇宙論的な目的論の概念を否定する一方で、本質主義（実在論）や決定論、還元主義のような物理主義的な概念もすべて否定し、それらの代わりに、ランダムな出来事の頻度や複数の解答、歴史的な記述、複数の因果関係、特定の人口を考慮した考え方などを受け入れてきた。理論を構築する過程では、法則よりも概念を重視した。新しい生物学はこのような変化をともなう革命を経験してきたのだ。

それでは、生物の基本的な現象に関する私たちの理解はどう変化したのだろうか？　私は、ニューロンの働きや遺伝子の性質については、かなり理解が深まったと感じている。一方で、複雑系については、私たちの理解はあまり進んでいない。その筆頭は、受精した卵子が成体に成長する過程、つまり生物の発生のシステムだ。いろいろな遺伝子の間の相互作用、とくに調整遺伝子との相互作用に始まり、異なる組織の間で引き起こされる相互作用についても、まだわからないことはたくさんある。

私たちがまだ十分に理解していない、次の複雑系は、お気づきのように中枢神経のシステムだ。はたして、私たちの中枢神経にある三〇億ものニューロンの相互作用について、いつか理解できる日が来るのだろうか。ニューロンが三〇億あるだけでなく、それぞれのニューロンは、ほかのニューロンと接続したシナプスを約一〇〇〇個ずつもっている。九五歳の私が、八〇年間すっかり忘れていた名前を突然思い出したりできるのは、ほとんど奇跡としか言いようがない現象だ。人類の心の仕組みがわかるようになるまでには、まだ長い道のりがあることに疑いはないだろう。

まだ解明が進んでいない三番目の複雑系は、生態系のシステムだ。ある地域における生物相のなかの、バクテリアから巨木にいたるまで何千もの生物の相互関係や、何が各生物の生存や繁殖の度合いなどをコントロールしているのかといった問題が残されている。上記の三つの複雑系について、未来の研究は偉大なものになるだろう。

遺伝子操作技術をはじめとする新しい生物学の技術は、私たち個人の生活にどのような影響を与える可能性があるだろうか。現在、研究者たちが進めている研究のために私たちが将来、現存のものとはまったく異なる、しかも望ましくない事態に直面しなければならない確率はどれぐらいあるのだろうか。残念なことに、あまりにも多くの人びとがＳＦ小説を真剣に受けとめすぎており、もっとも滑稽な将来のシナリオを信じている。たとえば、新しい遺伝子操作技術により、モンスターや環境に適応できないものがつくられるのではないかと恐れている。私は、そんな可能性はないと確信をもっている。

欠陥があるとわかっている特定の遺伝子を置きかえるような新しい技術は現在すでにある。たぶん生殖細胞においても可能だろう。ここで私が「欠陥があるとわかっている特定の遺伝子」と述べたことに注意してほしい。現在、人びとをもっと賢くしたり、もっと利他的にしたり、逆にもっと愚かにしたり、もっと悪意をもつようにしたりするにはどんな遺伝子やメカニズムが関係しているのかという知識もなければ、そうする技術もない。

最近の出来事で、クローンに関して書かれたものほどナンセンスなものはないだろう。ある集団が全員、アインシュタインのクローンになるといった話をするほど、ばかげたことはない。一家族に一人のクローンなら正当化される日が来るかもしれないが、その場合、このクローンは一卵性双生児とほとんど変わらない。

生物学の将来を考えるにあたり、生物学がこれまで、いかに莫大な恩恵を人類にもたらしてきたかを考えてみよう。生物学はこの先も過去と同じように、想像もしないような恩恵をもたらしてくれるにちがいない。とくに医学と農業の分野で。乳幼児の死亡率の劇的な低下や寿命がほぼ二倍に延びたことは、過去一〇〇年間における生物学の業績のひとつだ。

要するに、生物学は健全で元気のある学問だし、将来への貢献も確実だと言える。そして私のもっとも重要な結論は、生物学者という「仕事」は非常に楽しい!ということだ。

まえがき

クレス W. John Kress
バレット Gary W. Barrett

二一世紀に私たちは生物学のいろいろな分野、とくに人間社会と環境の関係について革命的な発見を連続して目撃することになるだろう。ガリレオやコペルニクス(Nicolaus Copernicus)、ニュートン、アインシュタイン(Albert Einstein)らが宇宙や物理学的世界について革命的な理解の進展をもたらしたように、今まさに生物学的な世界に関して重要な概念的進展が起こりそうだ。

私たちはすでに、いくつかの分野では顕著な進展をなしとげている。たとえば、DNAの生化学的な構造を発見することにより進化過程に関する理解が深まった。地球上の生物の多様性がもつ重要な意味について、シンプルではあるが決定的な予測を行ない、生態学の理解も深まった。二一世紀の生物学のさまざまな分野は、新しく生まれる技術や人間の活動によって急速に変化する環境、そして世界経済と社会構造の新しい関係などに影響を受けながら発展していくだろう。

一八〜一九世紀にかけ、博物学者のさきがけとなる人びとが行なった新大陸発見の旅は、いろいろな意味で現代生物学の起源だったと言える。当時、君主や富豪の資金で実施された未知の土地での探検により、生きているものも化石も含め、数多くの新種の植物や動物、微生物が発見された。

そのころの博物学者たちは、新しく見つかった種や個体群、生息地に焦点を当て、研究していた。彼らは幅広く訓練を受けており、現生のものだけでなく過去の生物相についても勉強していて、ダーウィンの進化論における自然選択理論を仕上げるのに欠かせない生のデータを提供した。複雑な生物のシステムの起源について、科学的に厳密な解釈が行なわれた。このような生物そのものに基礎を置く研究は今日まで続いており、系統分類学や集団生物学、群集生態学、生態系や景観レベルの科学の発展をもたらした。

一九〇〇年代半ばの生物学の世界では、還元主義的な生命研究へのアプローチが生まれた。当時、先端にいた生物学者たちは物理学者や数学者から強い影響を受け、複雑な生物の世界を主要な構成要素に分解して解き明かそうと試みた。研究者の関心だけでなく、社会や政府の生物学研究に対する評価も、突然、生物そのものから、細胞や細胞といった生物の構成要素を重視したものに変化した。遺伝子と分子の時代が始まったのだった。二〇世紀の最後の数十年間は、遺伝的制御の仕組みや細胞の機能、生化学的な相互作用、生体内調整についての理解が大きく進んだ。同時に、後生動物*のゲノムを完全に解明しようという動きが始まった。

二〇世紀後半には、環境科学のなかに生態学研究が姿を現わした。還元主義的な科学の影響を受け、この分野でも当初は生態系をニッチ（生態的地位）や栄養をめぐる関係に解きほぐしたり、景観を回廊や小区画といった、主要な要素に分解したりして生態系の複雑な仕組みを探求しようと試みられた。

*後生動物——多細胞動物の総称。

新しい世紀の私たちは、細胞や分子といった下部のレベルにおいても、生態系や景観、地球規模といった上部のレベルにおいても、生物をよりよく理解するようになるだろう。過去五〇年間、生物学の世界において分子生物学者や細胞生物学者から生態系・景観生態学者までが注意深く解きほぐしてきた主要な構成要素を、私たちは今、バランスよくふたたび統合し、構築しなおそうとしている。私たちの次のステップは、あらゆるレベルにおいて、多様な分野にまたがる概念や理論、アプローチ法を統合した科学を発展させることだろう。

地球上の生命複合体の理解を深めるためには、先端科学技術と生物学がお互いに合意のうえで「結婚」する必要があるだろう。大半の科学者は、地球上の人口増大にともなう天然資源の消費増大のために、地球環境が恐ろしい脅威に直面していると考えている。生物の生息地がどんどん消えているのだ。二一世紀は、私たちが地球の生物的な複雑性を十分に理解する最後の機会となるだろう。その機会をいかせるかどうかは、新しい技術を効率的に利用できるかどうかにかかっている。本書の執筆者たちは、今後一〇〇年間における生物学の展望を提示している。彼らの展望は、生物学上の発見を尊ぶ精神や過去の業績に関する深い知識に基づく先見の明、そして現実に根ざした楽天主義に満ちたものだ。

各章は、全米生物科学協会（the American Institute of Biological Sciences；AIBS）とスミソニアン協会（the Smithsonian Institution）が主催し、二〇〇〇年三月二二日から二四日にかけて米ワシントンの国立スミソニアン自然史博物館で開かれた国際シンポジウム「生物学——新しい千年紀への挑戦」の講演をもとにしたものだ。執筆した科学者たちは本書で、人類が二一世紀に科学を進展させるうえで避けることのできない課題について、輪郭を描こうと試みている。この本の目的は、二〇世紀の研究成果についてもう一度検討すると同時に、生物学の前途に横たわる課題や好機について、思慮深い議論を呼び起こすことにある。

各章を読んでいただければ明らかなように、二一世紀の生物学者が直面している重要な課題は、生物学と世界経済や人間社会の構造を統合的に考える戦略をどのように立てるかという点にある。前例のない規模の社会経済の発展の結果もたらされた、地球上の基本的な生物機能の変化はすぐそこに差し迫っており、今後、人類にはかり知れない影響を与えつづけるだろう。地球全体の幸福は、生物学的な情報と経済需要、そして社会組織を統合するような、息の合った努力が行なわれるかどうかにかかっている。本書の各章を書いた科学者たちは、次の一〇〇年間、この課題にどのように取り組むべきか、それぞれ独創的な視点を提供している。

第1章 生物学の新しい革命

バレット Gary W. Barrett
クレス W. John Kress

一九七〇年代の初めに書かれた多くのリポートや出版物は当時すでに、社会や経済が発展する過程で、生物学は非常に重要なリーダーシップを引き受けざるをえないだろうと強調している。こういった著作物は、科学者たちが二〇世紀末から次の世紀にかけての計画を立てはじめた最中に書かれたものだ。たとえば当時、米科学アカデミー（the National Academy of Sciences）の会長だったハンドラー（Philip Handler）は次のように記した。

「二一世紀に移行するまでの近い将来において、どんな要因が人類の未来を形づくるのかは明白だ。その明白な未来がまさに現実になろうとしている。二〇〇〇年の世界、そして人類の状況は、集団としての人類がいくつかの主要な問題にどう立ち向かっていくかによって決まるだろう。もし十分にうまく対処できれば、人類は自らが招いた暗い奈落から逃れることができるだろう。人類は自らの将来をコントロールすることができる唯一の進化の申し子だと言われるが、人類が直面する問題に対処できたときに初めて、文字通り未来を自分たちのものとすることができるのだ[8]」

ハーバード大学のブルックス（Harvey Brooks）が委員長を務める、全米研究評議会（National Research Council）の生命科学委員会が一九七〇年に出した報告書はさらに、生物学における一〇分野のフロンティアを列挙した〈13〉。それは生命の起源から言語や生物多様性にいたる幅広いものだった。この報告書は同時に、地球の大気や水、土地の質が悪化している点も強調した。悪化傾向は技術的に発展した国ほど進んでおり、生活の質や居住地の適性に対する脅威は増大しており、人類にとって根深い問題であると記した。

この報告書はさらに、「生命科学はこれまですでに、この重大な危機への対応に大きく貢献している。しかし、非常に重要な、生態についての科学はまだ発展途上だ。生態学者の数は限られているし、生態学の能力にも限界がある。生態学的な理解は、ほかのすべての生物学的な理解のうえに成り立っていることをはっきりさせなくてはいけない……。生態学的な理解を進展させるためには、ほかの生物学の分野の理解を進めることが不可欠だ」と述べている。

私たちは、一九七〇年代がしばしば「環境の一〇年」と呼ばれていたことを忘れてはならない。触れる必要もないだろうが、生物学や生態学の進展は七〇年代以降、二〇世紀の終わりまで続いた。

一九七四年にパリで開かれた「生物学と人類の未来」と題する国際会議の抄録のなかで、当時のフランスのジスカール＝デスタン大統領（Valéry Giscard d' Estaing）は、次のように書いた〈6〉。

「数学や物理学は、やや軽率に『厳格だ』と思われる傾向はあるものの、それでも経済学とは異なり、まちがいなく今後も驚くような発見をしつづけるだろう。しかし私は、本当の科学革命は、将来、生物学から起こると感じざるをえない」

私たちが住む環境も含めて人類の生活の質を改善するにあたり、生物学は主要な役割を果たすだろうという楽観的な見方が、少なくとも一九七〇年代から広まっていた。本書の各章は、私たちがハンドラーが言及した地獄のような状況を回避しただけでなく、未来に立ちはだかる問題に対処するために必要な技術やデータベース、多様な分野を横断するアプローチ法を急速に発展させつつある状況を描いている。未来に横たわる課題や好機について考えるとき、地球には限界があることも認識されるようになってきた〈2〉。過去一世紀の業績のおかげで、私たちは将来を「半分以上満たされたグラス」として思い描くことができる。この本の著者たちが描いているのは、大まかな二一世紀の姿と、生命科学と環境科学が今世紀の業績を踏まえたうえでどのように統合的な生物学における新しい革命の種を植えるのか、という未来像だ。

新しい生物学

概念上の進展や医学や農学への貢献、そして日増しに大きくなる私たちの未来にとっての重要性、そのどれをとって考えても、二〇世紀は疑いなく、生物学研究が将来的な発展の可能性を秘めた時代だった〈4〉。二〇世紀末が近づくにつれ、大勢の研究者や記者たちが、戦争や気候、スポーツ、技術などいろいろな分野で、過去一〇〇年間の主な出来事や記録を振り返ろうと試みた。しかし、生物学の業績はあまりにも幅が広く深遠であるためか、全体像を包括的に振り返ろうという試みはわずかしかなかった。そのかわり、いくつかの限られた分野の「トップ一〇〇」といった本などで、科学の世紀を描こうとする試みはあった[11]。同じように何人かの科学者は、科学がどのように二一世紀に革命をもたらすか、展望を示そうと試みた[9、12]。しかし、生物学の過去と未来を同時に描こうとする試みはほとんどなかった。この本の主要な目的は、そのような統合的展望を示すことだ。

新しい世紀が始まった今、私たちは、過去一〇〇年間の生物学のパラドックス（逆説）に直面している。分子や細胞、生物個体レベルの生物学が前例のない発展をとげたと同時に、世界人口の増加やそれにともなう食料の増産、エネルギー資源の管理、生物多様性や景観の崩壊といった問題が著しく増えたのだ。マイヤーは著書『これが生物学だ（*This is Biology*）』のなかで、二〇世紀の生物学の全体像を非常に上手に描きだし、このパラドックスについても触れている[10]。マイヤーは、過去一〇〇年の間に進化の理論がいかに統合的な役割を果たしたかを強調しているだけでなく、社会が人口過剰、環境の悪化、資源の管理といった問題に取り組むには、生物個体そのものと、生物個体を構成する細胞や分子といった下部レベル、その両方に関する生物学が一緒になり、全体論的なアプローチをとらなければならないと指摘する。

「技術を進展させたり文学や歴史に学んだりしても、人口の過剰な増加や自然環境の破壊、そして都市部の沈滞といった問題を解決することはできない。これらの問題の土台にある生物学的な原因をきちんと理解したうえでとられる方策だけが、これらの問題を解決することができる」

マイヤーはこう書いている。だから、二〇世紀の主要な進化生物学者である彼が、本書に序文を書いてくれたのも不思議ではない。

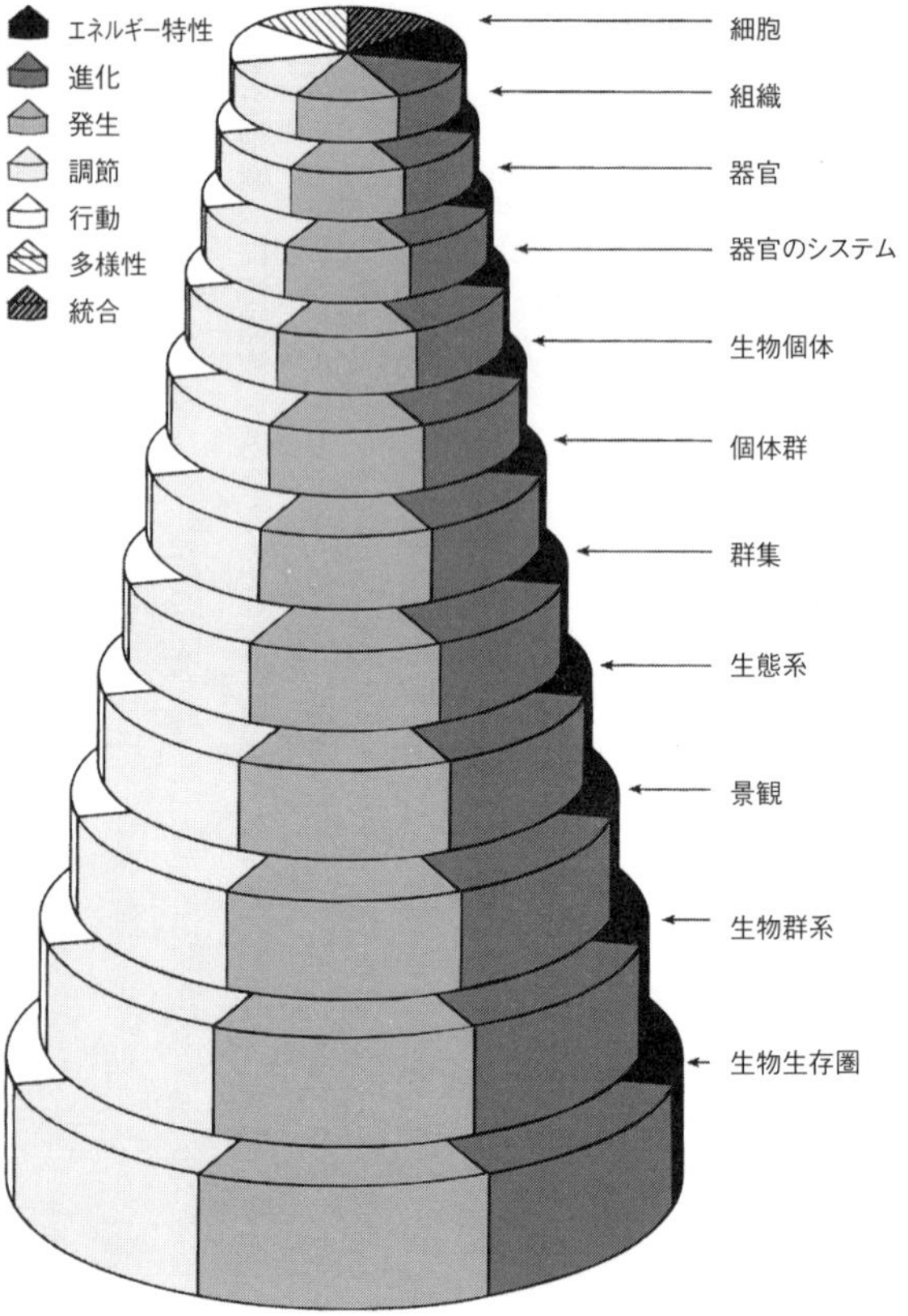

図1—1　生物のいろいろなレベルの組織形態を横断するプロセスを表わすモデル〈3〉

本書では国際的に著名な科学者たちに、生物のあらゆるレベルの組織形態を超越した、さまざまな過程について書いてもらった。さまざまな過程というのはエネルギー特性や進化、発生、調節、行動、多様性、そして保護といったものだ（図1-1）[3]。

著者は次のような観点から選ばれた。①生物学的な組織形態レベルに関してバランスをとる、②組織形態のいろいろなレベルにおける統合的な過程を強調する、③狭い分野内の仕事ではなく、生命科学のあらゆる分野と横断的に関係があるような仕事を強調する、という三点を満たす人選だ。そのおかげで本書の各章が、幅広い生命科学のさまざまな分野にまたがる経験や洞察を紹介するものとなった。

二一世紀における概念と機運

本書全体に共通する、考える糧となる概念を提示してくれる統合的な主題を紹介しよう。これらは、何か意図的な順序に並べてあるわけではないし、必ずしもすべてを網羅しているわけでもない。ここにあげる主題により、読者、とくに大学院生や生物学をもっと理解したいと思っている人びとに対して、二一世紀を人類の生物学的システムと技術的システムが統合した世紀にするためには、どんな課題があるのかを提示できればと願っている。

相乗作用 Synergism

読者にはすべての章を通じて、細胞や器官、個体群のなかでは、相乗作用や相利共生的なプロセスが機能していることを理解すると同時に、生態系や社会システムの間でそういったプロセスがどう働くのかも理解してもらいたい。ここでは、「相乗作用」を複合的な行動、あるいは複合的な作用と定義している。第2章でマーギュリス（Lynn Margulis）はネオ・ダーウィニズム的なパラダイムを攻撃し、微生物の間の相互作用が、新しい種の起源、とくに進化的に新規な生物を生みだす源になっているという新しいアイデアを披露している。彼女は、複雑な結合体の進化が真核生物*の起源だろうと主張し、生命の進化における微生物の貢献について描いている。

＊真核生物——ＤＮＡの入った核がある細胞でできた生物。細菌と藍藻植物以外のほとんどの動植物。

最適化 Optimization

生物のいろいろなレベルにおける機能的な効率性を求めて、形態や行動、エネルギー変換を含む進化過程がどのように最適化されているのか、いくつかの章で取り上げている。この最適化の過程は、分子レベルにおける遺伝情報の移動から、生態系レベルにおけるエネルギー効率まで幅広く存在する。

もう少し具体的に書けば、第3章ではウェイク（Marvalee H. Wake）が、ある生物と環境が相互作用するときの構造上の基盤として形態があり、その形態が実現するプロセスとして発生があると説明し、形態と発生の双方の最適化と統合について記している。彼女は、発生生物学研究と進化理論の一対一の結婚を、復縁した関係と言うかどうかはさておき、まったく新しい関係だとしても、その結婚により新たな生物学の一分野が必ず築かれるだろうと考える。彼女は、発生生物学と進化学だけではなく、生態学や遺伝学、分子生物学など複数の分野との関係についても深く考察している。

オリアンズ（Gordon H. Orians）は第5章で、「動物の行動は、現代の進化学や生態学の理論と、どのような交わりをもちうるだろうか?」という疑問を投げかける。彼は、人間の「自由意志」が進化論的な要因に妥協して行動を変えることがある、という考え方を受け入れるのは難しいと認識する。同時に、系統発生のデータをできるだけ控えめに解釈する手法は、行動の進化を研究するうえで、新しい強力なツールになると指摘している。

楽観主義 Optimism

著者たちは一人の例外もなく、二一世紀は特定の分野における教育の比重が減り、分野を超えてチームで取り組む研究方法や問題解決法がより重視されるようになるだろうと指摘する。第4章でライケンズ（Gene E. Likens）は、近い将来、生物学者たちがもっとも集中して取り組まなければいけないテーマは、自然生態系と社会の相互作用だと主張する。彼は、科学チームを編成するうえでの実用的な側面や、複雑な生態系の評価の方法、長期間にわたる環境についてのデータの蓄積、そして将来、生態学的な問題を解決するために役立つだろう新技術についても強調している。

保全 Conservation

保全とは、念入りに行なう、実存物の保存あるいは保護のことである。保全は、本書全体の共通したテーマだ。保全の対象はエネルギーのこともあれば、質量や遺伝物質、絶滅の危機にある種、あるいは野生のままの地域だったりすることもあるだろう。いずれの場合でも二一世紀には、資源管理や政策決定、国内あるいは国際的な研究協力といった場面において、優先的に取り上げられるようになるテーマだろう。人類社会はますます、「第一生物圏（Biosphere I）」つまり地球を、総体的なシステムとして見ようとしている。そこには相利共生の関係や調節のメカニズムが備わっており、お互いが複雑に関係している。いくつかの章で核となるテーマとして取り上げている、このようなプロセスと関係は、すべての生物に生活の質を保証するために、保存されなければならない。

生物学的にストレスを受けている地球の現状については、第6章のプランス（Ghillean T. Prance）と第7章のラブジョイ（Thomas E. Lovejoy）がわかりやすく描いている。彼らは同時に、生命の多様性については、もっと学ばなければならないことがまだたくさんあるとも述べている。たとえばわずか過去九年の間に、二万種以上の新しい維管束植物*が見つかった。維管束植物は生物のなかではもっともよく知られた群のひとつであるだけに、分類学者たちが世界の分類群の目録を完成させるには、まだ多くの仕事が残っていることを示すいい例だろう。プランスはまた、歯に衣着せぬ言い方で、生物学者たちは「博物学者」として、政治的な課題にもきちんと取り組む責任を負わなければいけないと主張している。

*維管束植物――シダ植物と種子植物の総称。

持続可能性 Sustainability

グッドランド（Robert Goodland）は一九九五年、「持続可能性」を「自然の資本を保存すること」と定義した。[7] あらゆる生物の組織形態のレベルを超える進化や調節、統合といった過程を理解し、社会に情報を提供することができれば、たとえば社会が生物多様性の保存に取り組むときに、取締法のように罰則を科す形で行なうのではなく、むしろ教育的な動機に基づくプログラムとして行なう方法をとることができるようになるだろう。そういった研究や教育、行政のアジェンダがつくられれば、持続可能な生態系、そして社会をもたらすだろう。このようなテーマについては、ジャンセン（Daniel H. Janzen）が第8章の「自然の庭園化」の議論のなかで発展させている。何年間もコスタリカで努力した結果、彼はしぶしぶながらも、社会発展から生物多様性の保存へのスムーズな移行はありえないと認めざるをえないと言う。ただし彼は、私たちは「生物多様性について知らなければいけないし、生物多様性を守るためにも、生物多様性を使わなければならない」と強調している。

一体化 Consilience

ウィルソン（Edward O. Wilson）は第9章で、「一体化」は複数の分野にまたがる原因と結果の説明だと定義している。一体化の模索には、強力な推論をもたらすように設計した研究や実験が求められる。[14] 分子レベルであれ人類が支配するシステムにおいてであれ、そのような設計やアプローチは、二一世紀の生命科学を革命化しつづけるだろう。現在広く手に入るような技術ではなく、むしろ人間の価値観や社会の啓発に基づく、知識の統合と一定水準の協力が、そのような研究には必要となるだろう。ウィルソンは将来の偉大な生物学のフロンティアは、進化ゲノム学や生物多様性の研究、大規模な群集生態学、そして生物学と人文科学や社会科学との統合領域といった分野にあるだろうと示唆している。彼は、人間性は私たちが進化的に受けついだ性質を左右する後成的な規則の産物だととらえており、私たちの生物学的な性質を考慮した視点がなければ理解できないと考える。

全体論 Holism

過去二〇年間、ブラウン(J. H. Brown)のような学者たちが、研究哲学における二つの学派に注目するよう、呼びかけてきた。〈5〉二つの学派のうちのひとつは、オダム(Eugene P. Odum)に率いられた、生態系生態学のグループだ。彼らは、生態系システムを通したエネルギーや質量の流れに注目し、生物と物理的な環境の間の相利共生的な相互作用を強調した。もうひとつの学派はすでに亡くなったマッカーサー(Robert MacArthur)に率いられた進化生物学のグループだ。彼らは種の内部、あるいは種間における進化的な相互作用に注目し、群集の組織形態や競争のモデル、種の多様性を強調した。

二一世紀を迎えた今、生態系生態学者たちが生態系モデルのなかに、二次的化学反応や微生物の相互作用、食物を探す戦略など進化学的な要素を含めていることは明らかだ。一方で進化生物学者たちは、地球の気候変動や景観の多様性、栄養の循環などマクロレベルの生態学的要因を、ミクロレベルの進化研究にもどんどんとり入れるようになっている。表現をかえれば、生物学的概念の新しい革命の時代に入るにつれ、社会科学も含めた諸分野で、還元主義的な科学と全体論的な科学が結合しつつあると言える。バレットとオダムは、この全体論的でかつ統合的な、社会問題に対するアプローチを「統合科学」と呼んだ。[1] 統合科学は、スノー（C. P. Snow）が「第三の文化」と名づけた方向に沿って発達した、新しいタイプの科学だ。[15]

私たちは、本書『生物学！——新しい科学革命』が生物学のいろいろな分野における進化について熟考し、その真価をきちんと見きわめる手がかりを与えてくれるだろうと信じている。同時に、読者の皆さんが二一世紀における新しい生物学研究に参加するきっかけともなることを願っている。本書は、あらゆる社会の市民一人ひとりに、何年にもわたって、特別なニッチ（生態的地位）を提供してくれるはずだ。

引用文献

1. Barrett, G. W., and E. P. Odum. 1998. From the president: Integrative science. *BioScience* 48:980.
2. ——. 2000. The twenty-first century: The world at carrying capacity. *BioScience* 50:363–68.
3. Barrett, G. W., J. D. Peles, and E. P. Odum. 1997. Transcending processes and the levels-of-organization concept. *BioScience* 47:531–35.
4. Bock, W. J. 1998. The preeminent value of evolutionary insight in biological science. *Amer. Sci*. 86:186–87.
5. Brown, J. H. 1981. Two decades of homage to Santa Rosalia: Towards a general theory of diversity. *Amer. Zool*. 21:877–88.
6. Galperine, C., ed. 1976. *Proceedings of the international conference Biology and the Future of Man*. New York: McGraw-Hill.
7. Goodland, R. 1995. The concept of environmental sustainability. *Ann. Rev. Ecol. Syst.* 26:1–24.
8. Handler, P., ed. 1970. *Biology and the future of man*. New York: Oxford Univ. Press.
9. Kaku, M. 1997. *Visions: How science will revolutionize the twenty-first century*. New York: Bantam Doubleday Dell.
10. Mayr, E. 1997. *This is biology: The science of the living world*. Cambridge, Mass.: Harvard Univ. Press, Belknap Press.
11. Morrison, P., and P. Morrison. 1999. One hundred or so books that shaped a century of science. *Amer. Sci*. 87:542–53.
12. Murphy, M. P., and L. A. J. O'Neill. 1995. *What is life—The next fifty years: Speculations on the future of biology*. Cambridge: Cambridge Univ. Press.
13. National Research Council. 1970. *The life sciences: Recent progress and application to human affairs*. Washington, D.C.: National Academy of Sciences.
14. Platt, J. R. 1964. Strong inference. *Science* 146:347–53.
15. Snow, C. P. 1963. *The two cultures: A second look*. New York: Cambridge Univ. Press.

第2章 種の起源とバクテリア——ネオ・ダーウィニズムの終焉

マーギュリス Lynn Margulis

進化論の変遷

時間の流れとともに生物とその個体群がどう変化するのかを見る科学、進化学は、あらゆる生物学の分野をまとめて体系化する原理を提供する。ドブジャンスキー（Theodosius Dobzhansky）は、「進化学の光に照らされて初めて、生物学のあらゆる要素が意味をもつ」と述べた[4]。ダーウィン（一八〇九—一八二）は、地球上のすべての生命は「変化をともなう遺伝」を介して関係しているという考えを提案した。これは、人類の知の歴史のなかでもっとも重要な科学的貢献のひとつだ。

ダーウィンは「進化」という言葉は使わなかったが、次のような考えを発展させた。実際に生き残れるよりも多くの生物が生まれ、あらゆる時期のあらゆる生物個体群にはさまざまな変異が観察できる。変異の一部は子孫に受けつがれるため、生物の個体群は、時間とともに少しずつ変化していく。新たな種は、先祖から生まれてくるのだ。このプロセスは、現存の生物と関係づけられる一連の化石の記録からも観察することができ、連綿と続く歴史だ。

これらのダーウィニズムの教義は、一九世紀末も二一世紀になった今も同じように新鮮だ。二〇世紀初頭に、生物の徐々に進む変化についてのダーウィンの考え方と、メンデル（一八二二―一八八四）の遺伝因子（のちに遺伝子と呼ばれるようになる）の平衡状態についての概念を融合させようとする試みが起きた。それら一連の研究は、新たな統合、あるいはネオ・ダーウィニアン・パラダイムと呼ばれるようになった。

集団遺伝学が、時間を経て変化するという解釈をとり入れたのは、主に二倍体*の異系交配を行なう陸生生物に関してだった。そして「進化」は、「時間を経て変化する自然の個体群のなかの遺伝子頻度の変化」と再定義された。化石の記録と環境の歴史は無視され、それらの詳細な観察は、長期的な視野に立つ地質学と、短期的な視野に立つ生態学にまかされた。進化的な変化は主に、移入や移出、突然変異、交配の構造、最初の個体群の大きさ、そして染色体の再編成（核型の変化）の結果だと考えられるようになった。ネオ・ダーウィニズムに対する批判勢力は沈黙させられ、ばかにされ、研究費の申請は拒否された。しかし二一世紀には、この批判こそが花開き、ネオ・ダーウィニズムは完全に終焉を迎えるだろう。

*二倍体――ひとそろいの染色体を二組もつ細胞や生物個体。人類をはじめほとんどの生物は二倍体。人類の場合、父親由来と母親由来の染色体二三組（合計四六本）をもつ。

二一世紀の生物学者たちは、小さすぎて顕微鏡がなければ見ることのできない微生物が、進化の過程に神秘的な創造力を与えていることを理解するだろう。細菌の性質を獲得したり細菌と一体化したりすることは、種の起源を考えるうえでもっとも重要な要因なのだ。細菌のような細胞構造をもった原核生物は、遺伝子やほかの情報を伝達する能力において、生物界のチャンピオンだ。細菌をはじめとする微生物の活動は、頻繁に起こる変化に限らず、ダーウィンの進化説の根底をなしている。

自由に生存している細菌やほかの微生物は、より大きな生物と合体する傾向がある。それは季節的に起こることもあるし、時々、あるいは持続的に起こることもある。大きなストレス下ではしばしば、そうやって獲得した微生物が子孫に伝わる。ドブジャンスキーをはじめ多くの研究者は、異なる祖先から新しい種が生まれることを含め、生物の複雑さや反応性については、進化の歴史に照らしあわせなければ理解することができないと述べている。この章で私は、進化をめぐる今ある「大河小説」そのものが科学界内外からの批判にもろいだけでなく、細菌を物語のなかに登場させなければ、完全なものにならないことを示したい。

遺伝する新たな変異や新たな種の起源がどこから生まれるのかを探求していたダーウィンが、もし現在は明らかになっている顕微鏡でしか見ることのできない世界を知ったら、きっと笑うだろう。彼はきっと、大声を出して笑うだろう。そして、私に同意するにちがいない。

民間伝承療法と民間伝承遺伝学

人類の歴史の大部分において、医師やシャーマン、薬草医は、ある意味ではよく教育されていたものの、今から思えばほとんど無知の状態で治療行為を行なっていた。鋭敏な医術者たちは、特定の病気が特定の家系に多いことに気づいてはいたが、遺伝についての科学は存在していなかった。たとえば聖書時代のユダヤ人の間では、男の子を産んだ母親の兄弟がかつて割礼で異常に出血していた場合には、その子に割礼をしないほうがいいとされていた。女性のはげや、彼女の赤ちゃんのテイ・サックス病*を予測するために、医者たちは母方と父方双方の家系を調べた。しかし、文化的に伝えられる民間伝承と同様、けっして知識の論理的な体系から実際の遺伝的なアドバイスが行なわれることはなかった。

*テイ・サックス病――先天性の糖脂質代謝酵素異常病。糖脂質が分解されずに中枢神経などにたまり、しだいに全身に障害が生じて五歳までに亡くなることが多い。

二〇世紀初頭まで、遺伝病の原因については、その生理学的な背景やなぜ特定の家族に伝わるのかという点も含め、何もわかっていなかった。医師であれなんであれ、遺伝子の伝達やＤＮＡをはじめとする核酸の化学的特性について、誰も、何も知らなかったのだ。

細菌をつかまえる

良心的な医師や助産婦たちは古くから、伝染病の概念を確実に把握するのに十分な、ペストや産褥熱、水ぼうそうやそのほかの「毒性」をもつ病気に悩まされてきた。しかしまだ、伝染病についての理路整然とした学問は登場しておらず、ヨーロッパの歴史のほとんどにおいて、病院が臨終の場であった。医療関係者も一般の人びとも、パスツール（Louis Pasteur）とコッホ（Robert Koch）が病原菌の理論を確立するまで、小さな微生物系生態系の存在には気づかなかった。パスツールが細菌と酵母の習性を目に見えるようにし、コッホが細菌病因説の証明となる有名な研究を発展させて初めて、顕微鏡でしか見えない微生物の存在が私たちの文化的な遺産の一部となった。二〇世紀中ごろまでには、ド・クルーフ（Paul de Kruif）の『死と闘う人びと（Microbe Hunters）』のおかげもあり、若い母親も八〇代の医師もみな、細菌あるいは病原菌を、自分たちの生活から根絶しなければならないと確信したのだった。〈3〉

病原菌という言葉は、雑草や毒キノコという言葉同様、きちんと定義されてはいないが、明らかに皆から理解されている用語だ。それは、望ましくない生物を意味する。

マラリア原虫の、まだ検出しにくい段階（Plasmodium）や大腸菌と人間の腸内における栄養のやりとりなどについて、まだ歴史の浅い微生物学はわずかしか解明できていなかった。医師は、症状を分類し、燻りだしや消毒、薬草茶、アスピリン、モルヒネ、コカイン、摘出のほか、魔術のつまった黒い袋から、さまざまな治療法を取りだして処方するしかすべがなかった。絶望的になった患者たちは、吸角法や湿布、呪文、さらには信仰治療を受けた。はるか昔から、主な「解毒剤」は、高額な治療費の見返りとして、専門家が自信たっぷりに施してくれる「気休め」にすぎなかった。

二一世紀の進化理論は、一〇〇年前の医学と同じような状態だ。新たな知識の探索は、必然的に私たちの文化に組みこまれる。進化論の理論家たちは、自分たちの専門に近い科学についてすら底抜けに無知であることが多いが、それだけでなく、社会的な習慣が、さらに彼らのじゃまをする。したがって、現代の進化学研究が置かれた状況は、一九世紀に医学が置かれた状況よりさらに悪いかもしれない。二〇世紀初頭の医師たちが必要としていた事実はまだ存在しなかったのに対し、現在の進化論者に必須の科学的なバックグラウンドはすでに存在する。ただし、それらは組織的に無視されているのだ。

学問のアパルトヘイト

皮肉なことに、個別の科学者たちは何もしなくても、科学全体としては、現実の世界で起きている「進化」の活動を記録している。進化に関連する大半の情報は、門外漢には理解しにくい論文のなかに隠れている。そして、そのニュースはほかの専門家や一般市民には届かない。詳細ではあるけれどもまったく整理されていない、そういった論文の断片は、どのように種が生みだされ、どのように複雑な生物が新たに現われて広まるのかを語る。しかし大半が生化学や微生物学の難解な言語で記録されているために、進化を専門とする生物学者や地質学者にとってすら近寄りがたい。

生化学者や微生物学者、生理学者やほかの多くのひっそりと実験を行なっている研究者たちは、彼らの研究の進化的な意味合いについて、「推測にすぎない」と軽蔑し、議論することを避けている。彼らは、証拠によって直接答えが見つかる問題に取り組むことを好み、原理によってしか答えられない問題を嫌う。多くの研究者は、先史時代を科学的に再構築するという、推論や見解に満ちた研究を、不正な行為だと見なしている。

進化学と関連した分野の科学者たちの孤立は、用語の違いによっても深刻化している。彼らは、生物に関する根本的な発見についての多様で特異的な解説を、彼らが人工的に境界を設定した「専門分野」に特有の考え方と統合する方法をもっていないのだ。セーガン（Dorion Sagan）と私は、『*Acquiring Genomes*』という本の執筆と格闘した。その本は、異なる用語で解釈を行なう、実験と理論の橋渡しとなるだろう。[10] 私たちは世紀の変わり目に生きている一方で、これまで生物学に貢献してきた人びとを知っているだけに、実験と理論のコミュニケーションのギャップを埋めることができるだろう。私たちは、専門家ではない読者に対して、新しい種がどのように始まるのかについて、進化学がどれぐらい解明したのかを明らかにしたつもりだ。

ダーウィンとラマルク

ダーウィンは、彼と同時代の科学者にも後世の科学者にも認められた、種は祖先から伝わるという考え方を確立した。すべての生命は、時間をさかのぼれば現存の形態になる以前の状態と結びついており、さらにさかのぼれば生命の起源そのものにも連綿とつながっている。ダーウィンは、生物が彼らとわずかに異なる子孫をどのようにつくるのかを説明した。そして、そういった差異の多くは遺伝することを示した。潜在的に種子から芽を出したり、孵化したり、生まれたりする子孫の膨大な数のうち、ほんのわずかしか実際には生き残らない。ダーウィンの理論によれば、生き残ったものは生き残らなかったものよりも、そのときの特別な環境において生存しやすい性質をもっていた。

ダーウィンは、生存と生殖における違いを生むプロセスを「自然選択（natural selection）」と名づけた。ただし自然選択は、驚くほど多数のなかのほんの少数が生き残って繁殖する、ということしか意味しない。たくさん批判があるのは知っているが、あえて書けば、自然選択のプロセスそのものは新しいものを生みださない。自然選択は、生存率の差異でしかなく、すでに存在する性質のなかから存続する性質を選ぶだけなのだ。

それでは、もともとあるさまざまな変異は、そもそもどのように生じたのだろうか？　ダーウィンは、前時代のラマルク（一七四四―一八二九）と同じように、この問題に悩んだ。そしてダーウィンは実際にラマルク的な解釈を考えだし、獲得形質の遺伝について「パンゲン説（pangenesis）」という仮説を提唱した。彼は進化上、革新的なものを生みだす源について説明しようと試みたが、最終的には、自分の無知を認めて終わった。

新規性の起源

ダーウィン以来、自然に遺伝する変異はどのように生じるのかという問題に多くの科学者が取り組み、そして挫折してきた。動物学者は、ＤＮＡの突然変異、主に塩基対*の変異が、すべての進化上の変化を生みだしていると議論する傾向がある。植物学者はしばしば、植物の細胞内の染色体や葉緑体の違いが新たな植物種を誕生させると説明する。交雑による葉緑体のゲノムと染色体の変化は、新たな変異やときには新たな種も生みだすが、植物学者はこの解釈を藻類や動物、あるいは微生物にまで広げて一般化することはできない。生化学者と生理学者は、この複雑な生命がどのように進化してきたのかについて、たんにまったくアイデアがないのか、何も触れない。ほとんどの研究者は、進化学を完全に無視している。

＊塩基対――二重らせん構造のＤＮＡの片方のらせん上のある塩基と、水素結合により結びついているもう一方のらせん上にある塩基の対。ＤＮＡには4種類の塩基があるが、アデニンはチミン、シトシンはグアニンとしか対にならない。

進化現象は、地球上のあらゆるところで起きている。少なくとも海面より一二キロ下の海底でも、地上八キロの山上でも。最近、地球の地殻部に三キロ入った部分の花崗岩の裂け目や、海底の熱水が噴きだしている周囲からも生物が見つかった。生命は少なくとも三八億年前に始まった。化石として、あるいは炭素化合物の形で岩石のなかに残っている、進化の詳細な記録は、それを研究する者たちを圧倒する。細菌やそのほかの細胞も進化の歴史を示してくれる。生命の進化を再構築するための鍵は非常に多岐にわたるが、研究者のなかでもっともしばしば「進化学者」と自称する生物学者たちは、細胞生物学や微生物学、そして地質学的な岩石の記録を避ける。彼らは、動物だけにしか興味がない動物学者たちだ。五億四一〇〇万年より前の出来事は、彼らの視野に入らない。動物進化学者たちは結局、ダーウィンの謎に対する答えを見つけるのに欠かせない、一〇億年単位の年月で物事をみる地理学や微生物学、原生生物学、そして細胞化学をすべて、関連分野の外に排除してしまう。

二一世紀の展望

あらゆる要素を含むダーウィンの独創的な視点がいかに価値のあるものか、繰り返し強調しておきたい。マイヤーやグールド（Stephen Jay Gould）、そのほかのすばらしい科学者たちがつねに強調しているように、進化の概念は必要不可欠に複数の側面をもっており、そしてお互いに関係がある。それらは、生命を知るためのまとまった原理を提供する。私はここで、四つの概念について言及したい。詳細は、前述した本のなかで触れている。新しい種がどのように始まるのかについて、科学がすでにどれぐらい解明したのかを描き、そのような解明をなしとげた科学がどうしてしばしば無視されるのか、その理由についても言及したい。以下が、四つの概念だ。

1　進化が作用するのは、つねに個体群が指数関数的に成長する傾向があり、それをチェックしなくては

ならないからだ。（例としては、自然選択の抑制的な性質と成長の関係）

2 ほとんどの生物学者は、細菌が驚くような広い代謝能力をもっていることをきちんと認識していない。細菌の種の体系化が、天然の細菌のあり様を反映していないことも、きちんと理解していない。細菌の個体群の成長や細菌群集の組織化、細菌によるガスの生産、細菌の運動性や感受性、抵抗性、胞子や種子など繁殖体の形成は、細菌以外の生命の進化と密接に関係している決定的に重要な現象のほんの一例だ。それにもかかわらず、これらはみな無視されている。

3 地球上に現存する生命形態のなかで最大の断絶は、原核生物（細菌）と真核生物（そのほかすべて）の間にある。この断続性を説明する進化の歴史には、種分化の進化も含まれる。種分化が可能になったのは、ほかの生物との共生によって真核生物が誕生し、進化した後のことだ。

4 交雑や異なる種との間の受精は、有性あるいは疑似有性生殖において理論的には禁じられているにもかかわらず、驚くぐらい広範囲で行なわれている。この、奇妙ではあるが子孫を残す、生物間の遺伝情報の組み換えは、同じ種の補完的な性の間に限定されることなく、生命の歴史のなかで繰り返し起きている。ときには、分類学上の「群」が新しく生まれたこともあった。異なる種の、有性あるいは疑似有性生殖による融合は、進化的に重要な結果をもたらした。生存可能な有性、あるいは疑似有性の吸収合併は、それが循環的に繰り返されることにより、新しいグループや新しい種を生みだした。

上記の概念はすべて、異なる立場から、根本的だがほとんど知られていない、ひとつの考え方を示している。つまり、進化的な変化をもたらしているのは微生物であり、突然変異はそれを補完するだけで、とってかわることはできない。細菌や原生生物、菌類のように顕微鏡がなければ見えない生命の行動が、顕微鏡がなくても見える世界における新しい種の形成や、新しい種の多様化の原動力となっている。進化は、小さな生物が限界を超えて増える傾向があるために生じる。それは、ほかの生物についてダーウィンが研究したのと同じだ。人びとから嫌悪され、しかも見えない生物たちは、悪性疾患の病原体となって一〇人に一人の割合で人類を殺す一方で、土壌の窒素を私たちの食料となる植物に提供したりするだけでなく、新たな生命の形態を生みだす主要な創造的役割も果たしているのだ。

微生物の進化的多様性

あるすばらしい文献が、進化的な多様性をもたらす主要な供給源は細菌である、と示している。細菌は、あらゆる動物にとって欠かせない代謝形態を兼ね備えている。動物は、食料となる有機分子を酸素を使って呼吸代謝している（従属栄養）。植物には二種類の代謝がある。ひとつは動物と同じように酸素を使った従属栄養で、もうひとつは酸素を使った光合成だ。細菌はその二種類に加え、少なくとも二〇種類の代謝形態をもつ。[2] いずれも動物や植物には見られない代謝形態だ。

細菌のなかには酸素ではなく硫黄やヒ素を呼吸代謝に使うものもある。ルシフェリンとルシフェラーゼによる生物発光反応を起こし、闇のなかで光る細菌もいる。マンガンや鉄といった金属を変容させ、泳ぐ能力をもつ、おそろしい臭いを放つ生物個体群のなかで、生き生きと繁殖する細菌もいる。青や緑がかった細菌は植物と同じように酸素を使って光合成を行なうが、同じように太陽光を使って光合成を行ないながら、酸素はいっさい使わない細菌もいる。そういった細菌は、電子の供給源として水素や硫化水素を使うが、水はけっして使わない。

二酸化炭素と水素から、沼地によくたまっているガス、つまり私たちがストーブに使うこともあるメタンをつくる細菌もいる。そのメタンが地表の裂け目などに漂っていくと、そこには別の種類のやはり人目にあまりつかない細菌がいて、今度は「メチロトロフィー(methylotrophy)」と呼ばれる代謝を行ない、メタンを燃やして繁殖している。獰猛な捕食性の細菌は、毎秒、自分の体長の一〇倍もの距離を泳ぐ。機械的な刺激にすぐ反応し、犠牲となった細菌を一〇〇%の効率で殺す。巨大な塩の濃縮地に、太陽光に依存する小さな化学反応系をつくって成長している細菌もいる。科学者は、なぜそんなことが可能なのか説明できないし、同じ状況を再現することもできない。私たちが、細菌は原始的だとか単純だとか、根絶できると考えるのは、見当ちがいだ。

細菌やその子孫の原生生物は、あらゆる動物が進化する前から、驚くような偉業をなしとげてきた。すばらしいエンジニアである原生生物もいたし、農業を発明した原生生物もいた。単細胞生物の有孔虫は、「ひとつの細胞」として見ると非常に巨大だが、殻に覆われた体のなかで、捕えた藻類を栽培している。藻類は、日中は外に放りだされ、夜は殻のなかに閉じこめられる。有孔虫のなかでも凝ったものたちは、念入りに殻をつくる。多彩な砂利のなかから黒だけを選び、それを体にくっつける有孔虫もいる。ほかの有孔虫は、砂利をくっつけあわせて監視塔のような殻をつくる。そして監視塔の上に登り、自分たちよりはるかに大きな動物たちを捕獲するのだ。

顕微鏡がなければ白いシミにしか見えないが、糸状の体を巻きこんで、バネつきの罠に変身する菌類もいる。ニシキヘビのように、彼らは犠牲となる線虫を絞め殺す。要するに細菌たちは、私たちが動物や植物だけに関係があると思っているさまざまな特徴をもつにいたるまで進化しているのだ。

ラマルクもダーウィンも超えて

細菌たちの創造性は、どのように、より大きな生命への移行を可能にしたのだろうか?

二一世紀の生物学に対する主要な提言は、これまで中傷されてきたラマルク主義のスローガン「獲得形質の遺伝」をまだ放棄すべきではない、ということだ。そのスローガンは、ただ念入りに洗練する必要があるだけだ。もちろん個々の植物や動物は、成長したり食事をしたり、運動したり生殖行動をとったりしても、それだけで子孫に伝わるような形質を獲得するわけではない。むしろストレスのかかった状態で、高度な資質をもった異なる種類の個体同士が物理的に結合するのだ。そのうちのいくらかは、その後、合体するだろうし、さらにその後で遺伝情報が融合することもあるだろう。

ウイルス感染をはじめ、多くの融合形態が報告されている〈7〉。結合が起きてもつねに、結合しないで自由に生存している仲間は残っている。細菌や原生生物、そして菌類の相互の合体や、それらと「ホスト（宿主）」となる植物や動物との合体が永続化することにより、大規模な進化上の変化が生まれる。高度に洗練された細菌の性質を新しく獲得することにより、ホストである植物や動物は、自然選択において有利な性質をもつことになる。体内に獲得した細菌を子孫に伝えることにより、新しい、それまでは存在しなかった系統がつくりだされる。遺伝情報の突然変異は既存の性質に磨きをかけるが、それ自体ではけっして遺伝する性質の多様性を生みださない。

結婚あるいは企業の合併がそう簡単にはひっくり返せないのと同じように、長期間におよぶ、細菌の性質の獲得による進化も、不可逆的なプロセスとなっている。細菌のゲノムが、ホストである植物や動物のゲノムのなかに組みこまれて一体化するという、「獲得したゲノムの遺伝」による進化で植物や動物の新しい種が生まれると、それはもはや元に戻すことはできない。

私たちが進化的に新しいと見なすもののなかで、親から子どもへと伝わるものの正体は何なのだろうか——ダーウィンのこの疑問に答えるには、微小生態系についての知識が不可欠だと私は思う。この問いに直接的に答えれば、「それは微生物の個体群や群集だ」と言える。個体群というのは同じ種類の個体が同時期に同じ場所に生存している場合を指し、群集は異なる種類が同時期に同じ場所に生存しながら、自然のなかで繁殖している状態を指す。個体群では実際に、メンバーの間で遺伝子の融合や移転が起こっているだろう。したがって、新しくて大きく、そしてもっと複雑な個体が進化する。すべての進化学者とシステム生態学者は微生物学を学ぶべきだ。

微生物たちが相互に、あるいはもっと大きな相手と物理的に合体したり、相互作用しあう状況については、それぞれの専門分野の特殊用語で、ほとんど手に負えないような形で記録されてきた。私たちのように、種の起源についてどれぐらいのことがわかっているのかを知っている研究者でさえ、自分たちの小さな発見と関連がある限られた領域で研究しており、通常は一度に一種類しか対象としていない。学術研究における「生物学科」は、分子生物学と生物個体を対象とする生物学に分裂しており、さらに誤解を深めている。関連のある情報は、一二種類以上の難解な言語で散りぢりに記されているのだ。たとえば藻類学や細菌学、生化学、細胞生物学、地質学、無脊椎動物学、代謝学、微生物生態学、分子進化学、栄養学、考古学、古生物学、原生生物学、堆積地質学、そしてウイルス学といった具合だ。こういった分野は、一般の人びとにはもちろんブラックボックスに見えるだろうし、進化生物学を専攻している多くの研究者にとっても謎めいた存在だ。

私は、すべてのネオ・ダーウィニズム的な考え方は将来、「二〇世紀の英語を話す人びとの偏見で、常軌を逸した考えだ」と嘲笑されるようになるだろうと思っている。粘菌の属名（Minakatella）の由来にもなった南方熊楠が「英国や米国の生物学者たちは、生物学から生命を取りだしてしまおうと努力している」と指摘したように、ネオ・ダーウィニズムは実際の生命からあまりにも遠くにきてしまった〈11〉。二一世紀は、ダーウィンの業績が終わった地点から、再度、始まるだろう。ダーウィンのすばらしい洞察と完全に一貫性を保ちつつ、新しい進化学は彼の世紀の科学を超えるものとなるだろう。そして、私たちを囲む豊かな生物多様性が、小さいけれども不連続な段階を経てできてきたことを示すだろう。脊椎動物の目の網膜像やマルハナバチの飛行、海を横断するザトウクジラの歌や、ルチアーノ・パバロッティの歌のように、あたかも魔法や単純化できない複雑性、グランド・デザインのように見えるものは、繰り返し起こった相互作用の遺産なのだ。なじみのある生物は大きいものばかりだが、その行動の動機も含め、すべては微生物の世界から生じている。私たちの祖先である微生物の進化力は、もっと広く認識されるべきだ。

どのように進化は作用するのか?

ダーウィンの進化についての洞察により、個体群の成長や子孫に伝わる変化の存在、そして自然選択の力に関して科学的に理解できるようになった。自然は組織されている。生物個体は、個体群からなる群集のなかで生きている。すべての群集は、異なる種の生物で構成されており、群集によってそれぞれ特徴的な生息地に棲む。このような自然のなかの組織は、気候や地理、そしてそのほかの環境要因と密接に関係している。

生物を識別して名前をつけ、グループ分けする科学である分類学は、とかく環境要因を無視しがちだ。そして細菌に関しては、人為的だ。そうだとしても、原生生物や菌類、植物、動物について、もっとも識別しやすく名前がつけやすいグループは「種」だと言える。これまでに、三〇〇〇万の現存する種と、その一〇〇倍におよぶだろう絶滅した種がいたと推計されている。種は、直接的な観察により識別され、名づけられ、数えられ、記録されている。しかし種の存在を決定するために、交配させてみることはほとんどない。

多くの種類の細菌を見分けることができるが、私たちは、細菌の個体群は、核をもつ生物のように安定した「種」を形成していないと考える。細菌には「種」の概念が当てはまらないのだ。細菌学者たちは、もし二種類の細菌が八六%の性質を共有していれば、それは同じ種だと言う。つまり八六%なら同じ種で八四%なら別の種、ということだ。このような、高度に恣意的な手法は、真核生物のいかなる種の分類法とも大きく異なっている。そもそも種分化のプロセスそのものが進化したのは、約二五億年前の原生代前期、つまり細菌からもっと大きな形態の生命への移行が始まったころなのだ。

あらゆる生物は、交尾する相手を必要とはしようがしまいが、幾何級数的に子孫の数を増やす能力を内在的に備えている。ダーウィンの用語を使えば、抑制されない人口は、限界を超えて増えてしまう。水不足や人口過密、飢餓の恐れといった日常的な環境的制約は、それぞれの生物が能力を超えて無限に増えてしまうのを防いでいる。それぞれの個体群はエネルギーや栄養、水、あるいは空間について特別な生存要件をもっているが、それらが完全に満たされる環境はけっしてなく、したがって、個体数の増加は必然的に抑制される。厳密に引き算をしていく自然選択は、どんな理由であれ生き残ることに失敗した個体をすべて排除する。したがって定義によれば、生き残ったものが、子孫に自分たちの性質を伝えることが多い。生き残ったものは特定の時期と場所で生存するのにもっとも適した性質をもっているため、地球上の生命は過去の記憶を保持しているとも言える。生物は体内に、乗り越えてきた過去の環境的制約を反映した、複雑な化学的記憶を保存しているのだ。

自然選択は生存率の差異化以外の何ものでもない。それは永遠に続くが、創造することはできない。それでは、何が進化的に新しいものを発明するのだろうか？　その答えを列挙していくと、個々の遺伝子に起こる突然変異だけではなく、ずっと長いリストになる。ランダムであれそうではないにせよ、DNAの一塩基対の変化だけで、新規性が現われ、累積していくのではない。遺伝子や遺伝子のかたまり、あるいはウイルスが累積したものやプラスミド、*そのほかのDNAの小片が複製されたり動いたりして、新規性が生じ、累積していくのだ。細胞や生物個体は、バクテリアと結合したり染色体を再編したり、あるいは共生生物ができたり、交雑したりして、長いDNAの断片を新たに獲得する。植物や動物の交雑は、同じ種内だけでなくほかの種との間でも起こる。こういった現象をすべて考慮すれば、ダーウィンのジレンマは解決する。私たちは今すでに、新しいものが進化してくる起源がどこにあるかを知っているのだ。その起源をここにあげてみよう。

＊プラスミド——染色体とは別に存在し、細胞質のなかで自律的に増殖するDNA断片。

微生物の貢献

二一世紀中に私たちは、微生物の悪評に対する反論を目撃するだろう。これまでの悪評は、巧妙な生命の形態に対する賞賛へと変わるだろう。進化がどのように作用するのかを理解するためには、生命にはどんな

エネルギー（光か化合物）	電子（あるいは水素の供給源）	炭素源	生物の種類と水素や電子の供給源
CHEMO-（化合物）	LITHO-	AUTO-	原核生物 Sulfide oxidizers Methanogens、H_2 Hydrogen oxidizers、H_2 Methylotrophs、CH_4 Ammonia nitrite oxideizers、NH_3、NO^-_2
		HETERO-	原核生物 「Sulfur Bacteria」、S Manganese oxidizers、Mn^{++} Iron Bacteria、Fe^{++} Sulfide oxidizers、例）Beggiatoa Sulfate reducers、例）Desulfovibrio
	ORGANO-	AUTO-	原核生物 ClostridiaなどCO_2を唯一の炭素源として成長するもの（H_2、$-CH_2$）
		HETERO-	原核生物（窒素や硫黄、酸素、あるいはリン酸を、最終的な電子の受け入れ物質としてもつ）(2) ほとんどの原生生物(3) 菌類(3) 植物（無葉緑性のものも）(3) 動物(3)

注：スペインのバルセロナ大学微生物学科の R. Guerrero と共同で考案した。
（1）たとえば酢酸塩やプロプリオネート、ピルビン酸化合物などの有機化合物
（2）フォスフィンの探知：I. Dévai, L. Felföldy, I. Wirner, and S. Plōsz . 1988. New species of the phosphorous cycle in the hydrosphere. *Nature* 333: 343―45.
（3）最終的な電子の受け取り手は酸素

表2—1　地球の生命の栄養摂取形態

（英語名は、接尾語「troph」をつけると、栄養摂取形態を指す言葉ができる。
たとえば植物の場合はphotolithoautotroph）

エネルギー（光か化合物）	電子（あるいは水素の供給源）	炭素源	生物の種類と水素や電子の供給源
PHOTO- （光）	LITHO- （無機化合物と1分子炭素）	AUTO- （CO_2） （独立栄養）	PROKARYOTES（原核生物） Chlorobiaceae、H_2S、S Chromariaceae、H_2S、S Rohdospirillaceae、H_2 Cyanobacteria、H_20 Chloroxybacteria、H_20 PROTOCTISTA（algae）（原生生物、藻類）、H_2O PLANTS（植物）、H_2O
		HETERO- $(CH_2O)_N$ （従属栄養）	なし
	ORGANO- （有機化合物）	AUTO-	なし
		HETERO-	原核生物 Chlorobiaceae、有機化合物(1) Chromariaceae, 有機化合物(1) Rohodospirillaceae(1) Cyanobacteria、H_2O Rhodomicrobium、C_2、C_3の化合物 Heliobacteriaceae、有機化合物(1) Halobacteria

可能性があるのかを十分に把握する必要がある。私たちは細菌の進化の複雑性についてきちんと解明しなくてはならない。

細菌は無性生殖をする。彼らが遺伝子を獲得したり失ったりする方法は、複製もあれば転移もあるし、消化やそのほかの手段もある。細菌が遺伝子をやりとりするスピードや量、そしてその起源の古さは、私たちを驚かせる。

細菌が栄養摂取する様式を表2‒1にリストアップした。多くのことがわかっている。動植物や菌類に比べて、細菌とその子孫である原生生物の代謝形態の多様性は非常に幅広い。動物や植物の誕生のずっと前から、そして動植物の運動や光合成、捕食、受精、性別、免疫といった属性が現われるずっと前から、細菌の世界では同じようなことがみごとに洗練した形で行なわれていた。細菌や原生生物の名人芸的な代謝システムは、生きた微生物世界のＷＷＷ（World Wide Web）を組織しており、それは人間のウェブ網より二〇億年もさきがけてできた。進化が起こる環境は主として微生物群によってダイナミックに安定化した状態で維持され、自己調整もきくようになっている。皮肉なことに、こういったことをもっとも知っていなければいけない生態学者や進化学者は、もっとも何も知らない。

原生生物を生みだした力

非常に異なるタイプの細菌が合体し、その状態が恒常化した。それが、最初の嫌気性の核をもつ細胞だった。もともとは偶然の関係がもう元には戻れないほど親密な関係になり、そして原生生物は生まれた。原生

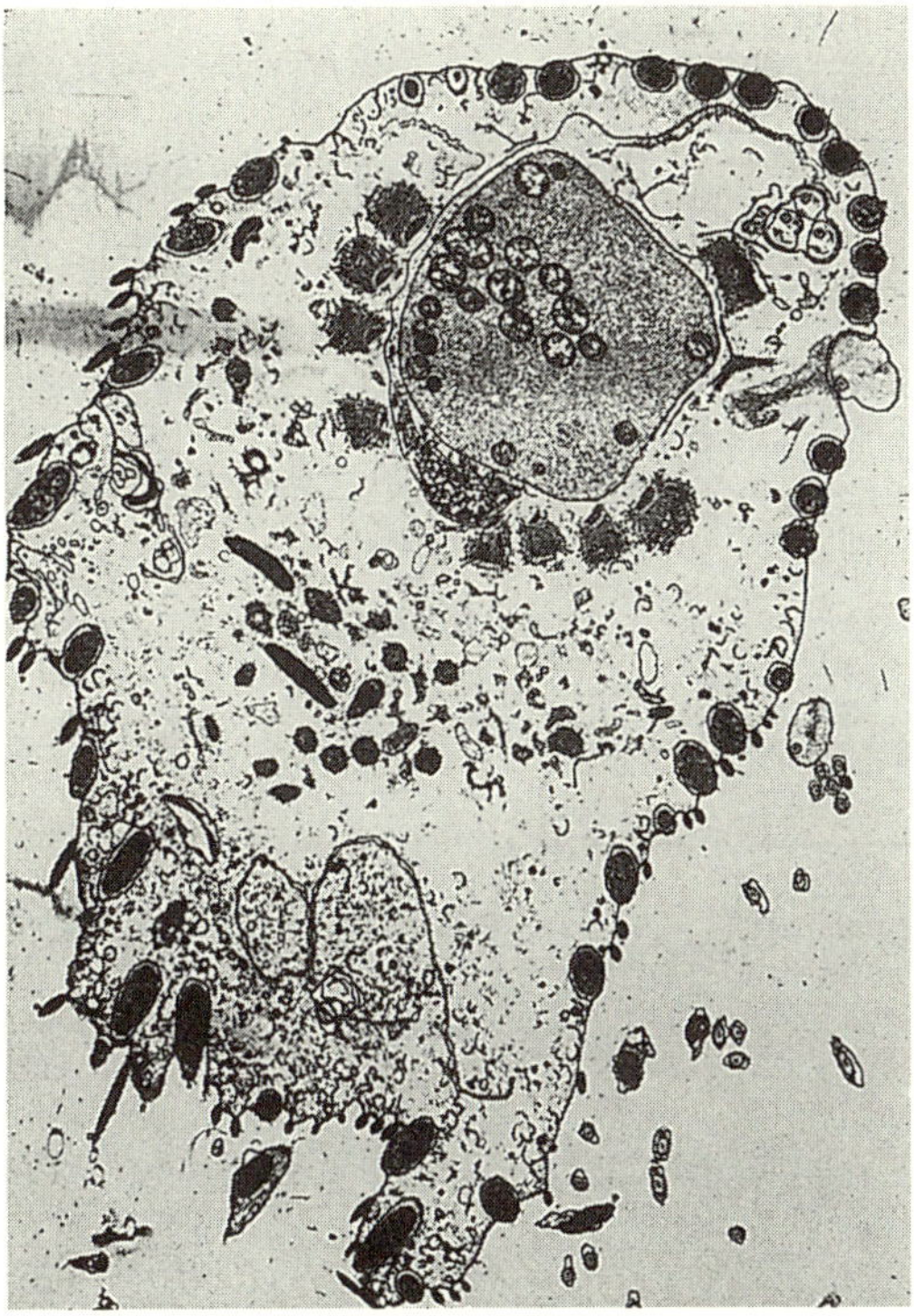

図2―1 *Caduceia versatilis*（*Cryptotermes cavifrons*の後腸の共生生物）
*Caduceia versatilis*には少なくとも４種類の共生細菌がいる。２つは表面、ひとつは細胞質、もうひとつは核内にいる（透過型電子顕微鏡写真。*The European Journal of Protistology* 35: 332, 1999より）

生物界のメンバーである原生生物は、それより大きなあらゆる形態の生命の、微生物的な祖先である。あまり詳しいことはわかっていないが、核をもつ細胞（真核生物とも呼ばれる。あらゆる原生生物や菌類、植物、そしてもちろん人間を含めた動物の体をつくる細胞）にも、酸素がなくても幸せに生きているものがある。彼らにとっては酸素はむしろ猛毒だ。そういったもののなかに、ミトコンドリアをもたない原生生物がある。それは、硫黄分が豊富な泥や、哺乳類や昆虫の腸といった生息地にたくさんいる（図2-1）。[9] ミトコンドリアをもたない原生生物は、細胞核をもつあらゆる生物の祖先の代表だ。彼らは酸素を代謝に使うこともできないし、有性生殖も行なわない。しかし、こういった微生物が、種分化は行なうのだ。

私は、酸素呼吸や、ある種の受精や細胞融合にともなう性別が真核生物の世界に登場する前に、種分化の起源はすでにあったと思う。名前をつけたり識別したり、分類したりできるといった、安定した種に見られる共通の現象は、細菌の世界には存在しない。そういった現象は、もっとも初期の原生生物から始まった。動物や植物だけでなくそのほかの真核生物とも異なり、細菌は、種の変化が簡単に起こるという性質を連綿と保持している。細菌の「種」は日単位、あるいは週単位、月単位で変わる。[12] 種分化という現象そのものが進化の産物といえる。非細菌の世界だけに存在するような種分化は、融合した細菌が、最初の原生生物に進化したときに始まった。

原生生物も藻類も植物も動物も含めたあらゆる真核生物は、つまるところ細菌の複雑な結合体から進化した――この、核をもつ細胞の起源をめぐる仮説については、あらゆる前提条件について決定的な証拠が一〇年以内に見つかるだろう。私の考えだした「連続内部共生（進化）説（serial endosymbiosis theory：SET）」

表2−2　共生に起源をもつ真核生物の細胞小器官

細胞小器官(1)	獲得源	証明	参考文献
核	Termoplasmaのような古細菌やSpirochaetaのような真正細菌から核鞭毛糸という細胞器官の構造を経由して組み換えが起きた	未証明	9
鞭毛・波状足（繊毛、基底小体）	Spirochaetaのような真正細菌から核鞭毛糸という構造を経由して	未証明	7、9
ミトコンドリア	α-Proteobacteria	証明済	5、7
色素体	Prochloronのような藍藻類から、クロロフィルa、bとともに	証明済	7

注：（1）仮説による獲得順

表2−3　生物群集から新たな個性が生まれた例

界（大きな生物の場合）	個性	生物群集の構成員	種内か種間か	個体によって分類される群集
原生生物	アメーバ	ナメクジ類	種内	細胞性粘菌、Dictyostelium
動物	緑藻類＋扁形動物のConvoluta、珪藻植物	Prasinomonas、従属栄養のConvoluta珪藻植物	種間	Convoluta roscoffensis、Coniventes paradoxia
菌類	酵母＋乳酸菌細菌	20種類以上の異なる細菌と菌類	種間	ケフィア顆粒「モハメド小弾丸」
	Trebouxia、あるいは藍藻＋子嚢菌	Actinbacteria、緑藻類-藍藻、菌類	種間	あらゆる地衣類。たとえばCladonia cistatella、Xanthoria parietina

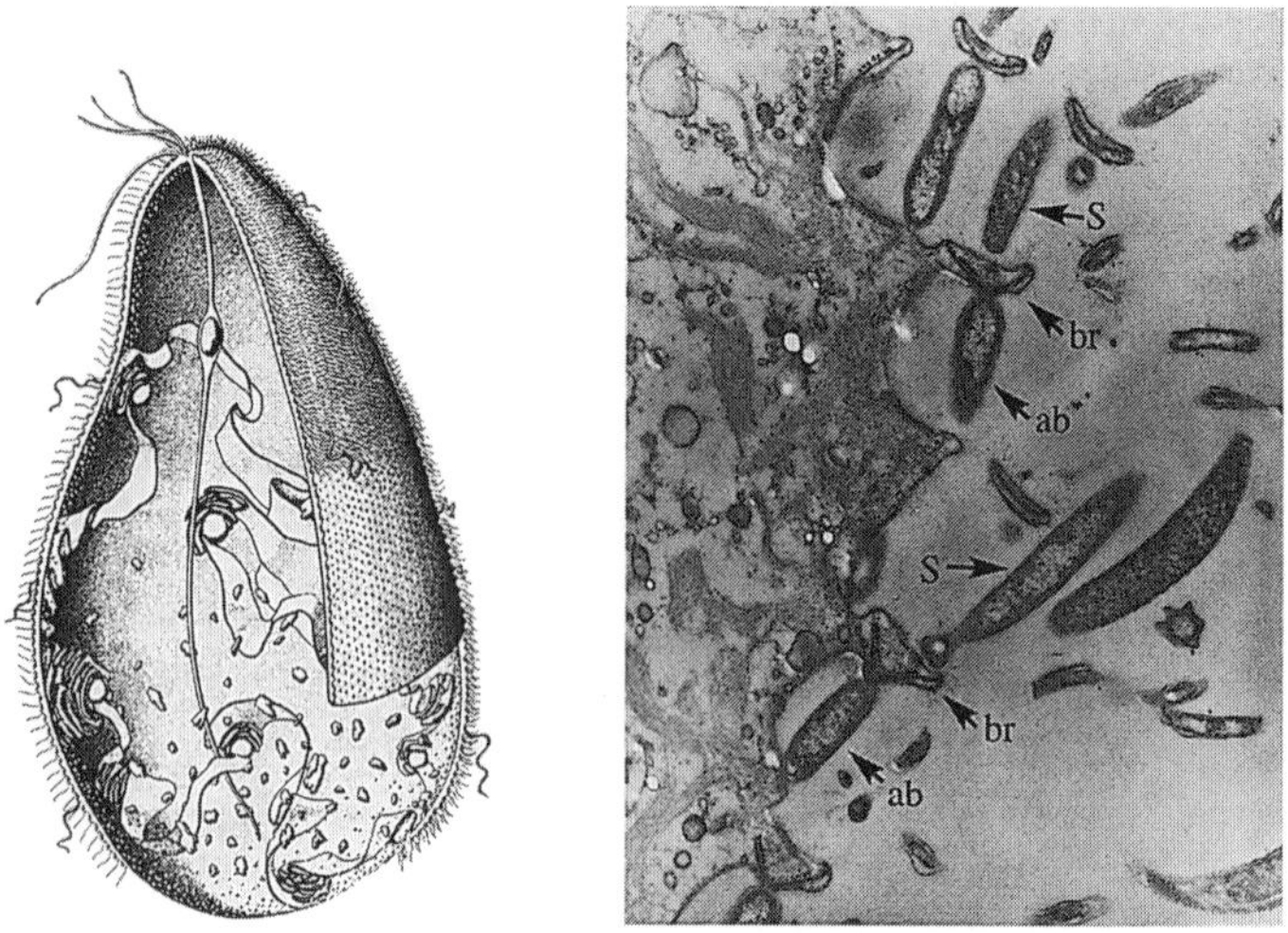

A　　　　　　　　　　B

図2－2A　*Mixotricha paradoxa*（*Mastotermes darwiniensis*の後腸の共生生物）
細胞核から４本の波状足（鞭毛）、グラム陰性菌の共生生物、小胞体、トレポネーマ属のスピロヘータ、木の微粒子をはじめ、さまざまな要素が集まってできている[14]（図はChristie Lyonsによる）

図2－2B　*Mixotricha paradoxa*の切片を見ると、トレポネーマ属のスピロヘータ（S）や少し変形した原生生物の表面、そこにくっついている細菌（ab）、内部の共生生物にくっついている包葉（br）が見える。図2－2Aはこのような顕微鏡写真に基づいて描かれた（電子顕微鏡写真はA. V. Gimstoneによる）

の詳細な説明もある。[7、8]それぞれの細胞小器官の起源についての仮説や証明がどうなっているかは表2−2に示した。

共生による創造力は、もっとも初期の核をもつ細胞の進化にとどまらない。とても美しい例が多い、共生による進化のほんの一部の例をあげると、次のようなものがある。*Mixotricha paradoxa*という小さな生物や太平洋の珊瑚礁、米ニューイングランド地方の地衣類、ニューギニアのアリ植物、そして乳牛は、細胞などの融合の力を示す現存例だ（図2−2）。異なる種のメンバー、ときには異なる界のメンバーは、特定のストレス下において、非常に固く結びついたコミュニティーをつくる。そのような状況で、個体同士の融合や遺伝情報の一体化が起こり、より複雑な個体へと進化していったのだ。生物群集から新しい個性が生まれた状況は多様だった（表2-3）。

性と疑似有性

私はここで、細菌とほかの生物の合体が種の起源となった四つの例を紹介したい。すでによく記録されているのに、まだほとんど知られていないものばかりだ。

植物の起源

酵母やカビ、キノコのような菌類は、固い植物性物質、つまり木材や紙などいろいろな形態のセルロースを老朽化させる力をもち、乾燥にも強い。あらゆる植物は、直接ではないにしても、緑藻類から進化してきたのだという主張がある。緑藻類は、策略に富むある種の菌類を獲得して葉緑体のなかに隠しもっていたため、セルロースを分解する酵素や乾燥に耐える力を、子孫に伝えることができた。緑藻類がそういった菌類のゲノムを自分のゲノムに一体化させたあと、緑藻類から植物が進化した。菌類のゲノムは今日も植物のDNAのなかに存在する。アツァット（Peter Atsatt）によって集められた証拠が今、検討されている最中だ。〈1〉

海洋動物の種分化

海洋動物の幼生（未熟な形態）の起源について、英リバプール大学ポート・エリン海洋ステーション（Port Erin Marine Station of the University of Liverpool）のウィリアムソン（Donald Williamson）が考案した説を紹介したい。彼は、ときには「門」を超えるほど異なる系統の海洋動物同士が出会い、生殖したと推測している。たとえば約二億二五〇〇万年前に、ヒトデのような棘皮動物と、ホヤのような尾索動物の間で遺伝情報の融合が起こったと考える。海洋生物が幼生から成体になるまでの非常に複雑な発生過程の起源について、彼の理論を分子生物学的な手法で検証する手段はある。彼の理論は今以上の注目に値するだろう〈15、16〉。

共生による新形態の創造

新しい形態の創造は、遺伝子の転写や翻訳、調節だけでは起こらない。印象に残るほど大きな形態上の断絶は、共生による新形態の創造によって引き起こされている。生命進化の歴史のなかでは、陸生生物の異なる種の間で、奇妙な疑似有性関係により、子孫が生まれたケースが数回はある。土壌菌と窒素固定糸状菌の融合により、ジオサイフォン・ピリフォーム（Geosiphon pyriforme）と呼ばれる、あたかも嚢状をした植物のように見える共生体が形成される。その形成は、成長期には三～四週間に一度は起こる。動物のなかでは緑のナマケモノや甲虫の仲間ゾウムシ、そしてクジラ、植物のなかではグンネーラ属やソテツ科の草木、野菜類が、ゲノムの獲得が子孫に遺伝し、大小さまざまな新しい種の起源となった例を体現している。

霊長類の起源

哺乳類の大きなクライン*のなかの染色体の変化は、種分化と相関関係がある。生物学者トッド（Neil Todd）とコーニッキ（Robin Kolnicki）は、哺乳動物、とくにマダガスカルのキツネザルとアジアやアフリカの小型のサルの染色体の変化と種の起源の関係について、もっとも包括的で説得力のある説明を行なっている。〈6、13〉この二人の科学者を含めた研究者たちによるこの研究は、現存する動物や化石動物について、分布パターンや染色体の構成、交配の特徴についてまとめあげられたものだ。そこで彼らは、動物の種分化について「核型の分裂理論」を支持している。このメカニズムは「動原体生殖理論（Kinetochore reproduction theory）」として知られており、運動性や機械的な刺激に対する感受性、二分裂して増える生殖といった細胞機能の起源が細菌に由来するとしている。〈13〉この例は、霊長類の進化に関する文献から引用したものだが、哺乳類全般の種分化のパターンや、染色体の数が進化にともないだんだん増える傾向について説明している。二〇億年以上前に細胞の一部となった細菌は、けっして消え去らず、そこに残っている。生命は過去の運命の分かれ目を覚えているのだ。

＊クライン——同じ種のなかで、地理的な環境の影響などにより形態が連続的に変化している集団。

二一世紀の課題——進化の言語

進化を語る言語はときに、物事を明解にするより混乱させることがある。私は、進化の言語が将来もっと化学的で、観察に基づいたものとなり、生物そのものと緊密なものともなるだろうと期待している。生物学者は、「価格」「利益」「消費」「不利益」といった金融用語を捨て、共生は「＋」、寄生は「−」といった数学の記号で関係を表わすことをやめ、そのかわりにもっと十分な説明を行なうようになるだろうか？

子孫に伝わる新しい性質や新しい種の起源について、現在のネオ・ダーウィニズムの理論は一度も十分に説明したことがない。ＤＮＡの突然変異の蓄積をよりどころにしているネオ・ダーウィン主義者はそれほどまちがっているわけではないが、物事を必要以上に単純化しすぎている。新しい知識の光に照らして、ネオ・ダーウィニズムではなくダーウィニズムが復権し、生命を理解するためのまとまった原則として、進化の概念を提供するようになるだろうか？　進化的な変化を表わす言語は、数学でもなければ、コンピューター上でつくられる形態論でもない。むしろ、微生物についての正確な知識に加え、博物学や生態学、遺伝学そして微生物より大きな生物の代謝学が、とり入れられなければならない。

微生物の生理学や生態学が、進化プロセスを理解するうえで必要不可欠だと認識されるようになるだろうか？　微生物が自分たちの個体群のなかでどのように行動するか、あるいはほかの個体群とどのように相互作用するのかが、生命の進化の道筋を決めた。私たちが属し、ともに進化してきた、大きな生物の世界の行動や発達、生態、そして進化はすべて、顕微鏡でしか見えない小さな世界に支えられているのだ。

謝辞

有意義な議論をしてくれたMichel Dolan、Ugo d'Ambrosio、William Frucht、Ricardo Guerreroに感謝したい。資金援助はNASA Space Sceiences、the University of Massachusetts Graduate School、Lounsbery Foudationからいただいた。原稿の準備は、Jennifer Benson、Judith Herrick、Donna Reppardに助けてもらった。

引用文献

1. Atsatt, P. R. In prep. The mycosome hypothesis: Fungi propagate within plastids of senescent plant tissue.
2. Balows, A., et al., eds. 1992. *The prokaryotes*. New York: Springer-Verlag.
3. De Kruif, P. 1953. *Microbe hunters*. New York: Harcourt, Brace.
4. Dobzhansky, T. 1973. Nothing in biology makes sense except in the light of evolution. *Am. Biol. Teacher* 35:125–29.
5. Gray, M. W., G. Burger, and B. F. Lang. 1999. Mitochondrial evolution. *Science* 283:1476–81.
6. Kolnicki, R. 2000. Kinetochore reproduction in animal evolution: Cell biological explanation of karyotypic fission theory. *Proc. Natl. Acad. Sci. USA* 97:9493–97.
7. Margulis, L. 1993. *Symbiosis in cell evolution*. 2d ed. New York: W. H. Freeman.
8. ——. 1996. Archaeal-eubacterial mergers in the origin of Eukarya: Phylogenetic classification of life. *Proc. Natl. Acad. Sci. USA* 93:1071–76.
9. Margulis, L., M. F. Dolan, and R. Guerrero. 2000. The chimeric eukaryote: Origin of the nucleus from the karyomastigont in amitochondriate protists. *Proc. Natl. Acad. Sci. USA* 97:6954–59.
10. Margulis, L., and D. Sagan. *Acquiring Genomes.* New York: Basic Books.
11. NHK-TV. 1990. *Wonders of the rainforest*. Osaka: NHK.
12. Sonea, S., and L. G. Mathieu. 2000. *Prokaryotology: coherent view.* Montreal: Les Presses de l'Université de Montreal.
13. Todd, N. B. 2001. Kinetochore reproduction underlies karyotypic fission theory: Possible legacy of symbiogenesis in mammalian chromosome evolution. *Symbiosis* 29:319–27.
14. Wier, A. M., J. Ashen, and L. Margulis. 2000. *Canaleparolina darwiniensis,* gen. nov., sp. nov., and other pillotinaceous spirochetes from insects. *Intl. Microbiol.* 3:213–23.
15. Williamson, D. I. 1992. *Larvae and evolution*. New York: Chapman & Hall.
16. ——. 2001. Larval transfer and the origins of larvae. *Zool. J. Linn. Soc.* 131:111–22.

第3章 身体とその設計図――どのようにできたのか？

ウェイク MARVALEE H. WAKE

形態学と発生生物学はどちらもいろいろな意味で、生物学のもっとも古い一角と、もっとも新しい一角を占めている。

私たちがある生物を知覚するときによりどころにしている見た目そのままが、生物の形態だ。それは、遺伝子の変異が異なる形態となって表われる、遺伝子の表現型だ。形態は形であり、大きさであり、色や飾りでもある。あるいは、幹や葉、四肢やあご、精子、ニューロンといった、身体の部品でもある。形態は、呼吸や代謝、生殖といった生物の生理学的な機能の基盤となる構造である。動物や植物、微生物など多くの生物にとっては、運動やそのほかの行動の基盤となる構造でもある。それは周囲との接触役、あるいは環境との相互作用を促進する役割ももつ。形態は、分子から細胞、組織、器官、個体といったさまざまな生物の組織形態の階層レベルにおける構造の構成内容である。形態は個体発生的でもある。受精や卵割、そして成体にいたる過程、とくに生殖の局面で、あるいは成体になった後、老衰から死にいたるまでに体験するさまざまな構造や機能の状態において、物理的な変化として見られる。

形態学の研究にはさまざまな手法が可能だ。たとえば記述的手法や比較、機械的な作用に注目する手法、実験的手法、あるいは進化的側面に注目する手法などが考えられる。

発生は、個体発生的な時間軸においても進化的な時間軸においても、形態が具体化する道筋だ。発生は形態が実現するプロセスだとも言える。それは個体においては、個体発生的な時間の枠組みで変化するし、種や、もっと上位の群の段階では、進化的な時間の枠組みで変化する。遺伝的な影響も生態的な影響も受けて形づくられる。そして、さまざまな変異をもたらすと同時に、制約ももたらす。

発生の分析も、生物学的にさまざまなレベルを対象にしている。それは、発生を開始させるシグナル分子やたんぱく質から気温や光といった物理的要素と発生過程の相互作用まで幅広い。今日の発生生物学の研究は大半が実験的であるか、あるいは機械的な作用に注目したものだ。しかし、もともと発生学は記述から始まったものだし、比較研究や、進化学の枠組みとも合体することが可能だ。

二〇世紀後半の生物学において新たに判明した、もっとも偉大な事実のひとつは、微生物から植物や動物にいたるまで、大半の生物の形態学的な組成には共通した遺伝的な基盤がある、という事実だろう。その基盤は同時に、個体発生においても進化の過程においても、発生を通して生物の多様性を生みだす、相互作用の基礎でもあった。したがって、生物の身体とその設計図（body plan）が大まかな本章のテーマである。そのなかで、形態というのはパターンであり、遺伝子の働き（発現）であり、そして遺伝子の働きが形態となって現われた表現型である。一方、発生というのは、遺伝子や環境の影響を通して、形態が実現する過程である。私が取り上げようと思っている問題は、次のようなものだ。身体と身体の設計図は、発生的、あるいは進化的に、どのように現状に到達したのか。それらはどのように変わっていくのか。とくに重要視したいのは、二一世紀の科学的な課題のいくつかを解決するために、この分野では、何を理解すべきなのだろうかという点だ。

最近の非常に祝福された結婚と言えば、発生生物学と進化学の結婚だろう。この結婚は、多くの注目を集めた。というのは、発生生物学が、ミクロレベルとマクロレベル両方の進化に関して優れた洞察力をもっていたからだ。(ただし、偏見を許していただければ、私は、この結婚に対する形態学の貢献や、この結婚が形態学に変化を与えているかどうかといった点にもっと注意が払われるべきだと思う。)

困難で、ときには不和な状態だった長い求婚期間を経て、現在、発生生物学と進化学はすばらしいハネムーンの時期を過ごしている。しかし私は、この結婚は近いうちに、一妻多夫あるいは一夫多妻といった複婚的な関係になると思う。つまり、生態系や生物の変化や複雑さの基盤をきちんと理解するために、形態学の重要性をもっと認識し、同時に生態学や行動学などの研究をとり入れることになるだろう。形態学と発生生物学への統合的な取り組みは、科学の一分野としての生物学研究が、より総合的なパラダイムを構築することに貢献するだろう。そのような研究はきっと、社会にも新たな貢献をもたらすだろう。たとえば、発生上の異常を治す可能性を生んだり、生物と似た素材で新たに身体の部品をつくったり、生物が行けないような場所に行けるロボットを作製したり、生物多様性の価値を理解してそれを維持したり、あるいは社会的にも経済的にも重要な意味をもつ生命の基盤を理解する努力に貢献したりするだろう。

形態学と発生学の歴史

一九世紀は形態学と発生学が大きな変貌をとげた時代だった。歴史に残る偉大な形態学者と言われるバイスマン（August Weismann）やフォン＝ベーア、ヘッケル（Ernst Haeckel）といった人びとが、記述的な胎生学としての発生学を進展させた。彼らは実験生物学や進化生物学という舞台の幕を開けた。しかし二〇世紀に入るとまもなく、形態学と発生学は知識的にも理論的にも分岐していった。形態学は系統分類学や進化理論における主要な貢献者となり、発生学は実験生物学の主要な貢献者となっていった。

どちらもいろいろな意味で、そしていろいろな時期に、理論においても技術においても、遺伝学から生化学、そして新しく登場してきた細胞生物学や分子生物学にいたるまでのさまざまな分野の新しい発見をとり入れた。二〇世紀末までに、形態学は記述的な側面や分析的な側面を残しながらも、実験生物学の一分野となった。形態学は今、遺伝学や生態学、物理学、工学などの技術もとり入れている。多様な点で、発生と形態についての新しい統合が起きている。次のような疑問を考えるときに、多くの生物学者が形態学に注意を払うようになったからだ。たとえば、発生のパターンや過程の進化はどうなっているのか、あるいは形態が生まれ、変化する過程はどのようなものか、いろいろな形態がお互いに相互作用する状態はどうなっているのか、そして環境との関係はどうか、といった疑問だ。形態学と発生学の新しい複婚関係は、研究や議論に新しい方向を与えてくれている。

一九世紀末から現在までの間に、私たちの身体と身体の設計図に関する理解がどのように進展したのかを示し、未来の科学全般に向けて窓を開く役割を果たすと思われる、形態学と発生生物学の貢献例をあげてみたい。私は発生生物学と形態学が将来、さらに進展することを願っている。発生生物学や形態学は将来、複雑性や還元主義の問題に対する新しい統合的なアプローチのなかで、どのように主要な役割を果たすのだろうか。発生や形態、変異、構造と機能の関係、そしてそれらの保全とそれらの潜在能力について強調するような価値感をもつ、新しい科学と社会全体にどのように貢献するのだろうか。そういった点について、未来を推測してみたい。私のあげる例は、主に動物、とくに脊椎動物のものだ。それは私がいちばんよく知っている分野だからだ。ただし、私が展開する一般的な法則は、ほかの生物にも当てはまるものだ。私の観点は、生物個体を対象とし、進化的で統合的な生物学を研究する科学者のものだ。

二〇世紀初頭、発生生物学は記述的な形態学や胎生学から分かれ、実験科学の一分野となった。解剖や組織の分析からは推論できない問題が生じてきたのがきっかけだった。それ以前に、無脊椎動物か脊椎動物かを問わず多くの動物や植物の発生の一連の道筋（段階ではなく）がすでに詳細に記述されていた。発生初期段階は有意に似ているが、その後は形態的に非常に異なっていく。そんな様子が記録されていた。バイスマンの「生殖細胞質連続説」が探求され、フォン＝ベーアをはじめ多くの科学者たちが生物の発生に関するいろいろな説を公表した〈18、35〉。それらは、次のような記述に要約できるだろう——「個体発生は系統発生を繰り返す」。つまり、同じ系統でも異なる系統でも、初期の発生段階は、そののちの発生段階に比べて共通点が多い。この考え方は、「Bauplan（body plan）」と呼ばれた「身体の設計図」の概念によって強化され、多くの変形は、包括的な身体の設計図の修正によって起こると考えられた。

マイヤーは、ダーウィンの『種の起原』が出版された一八五九年以降の一世紀間について強調することで(その内容は最近四〇年間についても的を射ている)、最近の形態学と発生生物学の歴史について、示唆に富む分析をしている。[31] 二〇世紀初頭に動物学者たちは、系統発生を重視し、共通の祖先を再構成しようと、解剖学的なあらゆる構造について相同関係を探しつづけた。このような探索は、大量の記述的な論文を生みだした。それらはしばしば、形態の変遷に関する分析をともなっていた。たとえば、ひれから四肢、あるいは爬虫類のあごの一部から哺乳類の中耳の骨への変遷、といった具合だ。しかしマイヤーは、ポスト・ダーウィニアンの形態学者たちは、ダーウィニアン生物学の主要な教義、つまり適応についての説明を無視したと指摘する。形態学者たちは原型、あるいは共通した身体の設計図と、その説明だけを扱っていたのだ。

マイヤーは、一九五〇年代の進化形態学の発展により、パラダイムの変化が起きたと考えている。形態学者が共通の祖先を追い求めて過去ばかりを探索するのをやめ、共通の祖先を出発点に、子孫がこのように多様に変化したのは、どのような進化の過程があったからだろうかと考えるようになった時代だ。この疑問は、どのように新しい形態が生まれたのか、どのように自然選択が関係しているのか、変化の起きた個体群にはどのような特徴があるのか、といった疑問へと変わっていった。

「進化というのは……進化的な変化にかかわるさまざまな過程全体なのだ」とマイヤーは書いている。彼は、進化形態学がそれらの過程を見きわめるために、生態学や行動学への橋を築きつつあると見ている。そのうえで、「形態学のもっとも大きな問題を解くには、まだ築かれていない、遺伝学への架け橋が必要となるだろう」と記した。彼は、一八世紀のフランスの博物学者ビュフォン(Georges-Louis Leclerc de Buffon)が

「設計図の統一性」と呼んでいたもので、すでに解剖学上の型の起源と意味が扱われていると指摘した。そして、次の時代の科学者が唱えたクジラからコウモリ、モグラ、ウマそして人類におよぶまで幅広い哺乳類の「身体の設計図」を引き合いに出し、「今、考えられている哺乳類の設計図とビュフォンの設計図に、本質的な変化は何もない」と書いた。

最近のいくつかの本でマイヤーは、遺伝子型の領域、とくに身体と関係する領域に、進化の過程で何が起こるのかについて考えを発展させている。そして一連の問題を提起した[32]。いわく「種の分化が起こるとき、遺伝子型には何が起こるのだろうか？　表現型が進化的に刷新されるとき……遺伝子型には何が起こるのだろうか？　生物の主要な型に共通する身体設計図が安定していたり、四肢動物の鰓弓《さいきゅう》のように祖先の発生上の段階が個体発生において保存されていたりするなど、長期間にわたる平衡状態を起こしているのは遺伝子型のどんな構造なのだろうか？」。彼は一九九一年に出版した『*One Long Argument*』のなかで、「発生は、異なる遺伝子型の領域や異なる体細胞プログラムの間の複雑な相互作用を巻きこんだものだ」と述べ、そのような相互作用の研究はまだ始まっていないが、きっと進化の基盤を理解する大きな潜在能力をもつ、全体論的なアプローチになるだろうと主張している[33]。

ホール（Brian K. Hall）は一九九九年に出版した『*Evolutionary Developmental Biology*』のなかで、身体の設計図を創ったり維持したりする発生上の過程について、似たような問題を提起している[18]。ホールは身体の設計図は、ある系統の群集を反映するような、基礎的で共通の設計図であり、その設計図の枠内で構造の修正が起こるものだ、と定義している。これは、ダーウィンやそれより前の時代に戻るような概念だ。多くの研究者が、身体の設計図は上位の分類群については共通だと考えていたが、系統の進化を特徴づけ、かつ具体化しているのは入れ子状に重なった身体の設計図のセットだという考え方が、今、注目を集めている。ホールが説明するように、種のレベルを超える身体の設計図はみな、入れ子状になっている。〈18〉たとえば、ヘビはトカゲやカメとは異なる身体の設計図をもっているが、同時に爬虫類として共通の設計図ももっている。爬虫類と哺乳類はそれぞれ個別の身体の設計図をもっているが、同時に脊椎動物としての設計図は共有している。このような概念は、どのような分類群においても共通の構造の起源を分析することや相同性のメカニズムを探求すること、そして形質の起源の進化を探ることなどを可能にする。身体の設計図の特質には、形態学的な側面だけではなく、生理学的な側面も生態学的な側面も含まれる。身体の設計図は「機能的な型」だと言えるだろう。〈24〉

身体の設計図の性質に関する研究は同時に、系統発生的な分析とも密接に関係している。したがって、いろいろな分類群のレベルや、単一系統と多系統のグループにおける性質の比較分析が欠かせない。ホールは身体の設計図に関して六つの疑問点を提示している。

①身体の設計図は発生と進化、あるいはそのどちらかに制約を与えているだろうか？
②進化のなかでどのように身体の設計図は生じてきたのだろうか？
③どれぐらい速く組み立てられていったのだろうか？
④なぜこんなに少数の身体の設計図しかないのだろうか？
⑤なぜ過去五億年の間、新しい身体の設計図が登場していないのだろうか？

⑥身体の設計図の存在は、マクロレベルの進化の過程を必要とするのだろうか？

彼は、これらの疑問への解答を探ることにより、どうして分類群を超えて似ている構造が生じるのかという疑問への解答も見つかるだろうと記している。彼が期待するのは、相同性の仕組みを探求したり、身体の設計図の起源における主な革新や制約の役割を解明したり、形態の造作や形質は順々に起こるのか、それとも共同作用として起こるのかという問題に決着をつけたりする研究だ。彼があげた疑問点は広い意味で、今日の形態学や発生生物学にとって基本的なもので、生物学の多くの分野が共同で研究するのにふさわしいものだ。ホールの『*Evolutionary Developmental Biology*』は、博識な実験発生生物学の歴史と、最近の発生生物学における進化や進化学における発生の果たす役割について描写していると言える。

この分野におけるもうひとつの際立った貢献は、アーサー（Wallace Arthur）が一九九七年に著した『*Origin of Animal Body Plans*』だろう。[1] 彼は、身体の設計図の起源や動物の発生の進化に関する彼自身の調査を紹介し、ネオ・ダーウィニズムの理論は生物個体の発生・発達、あるいは個体発生に関する要素が欠けているため、不完全だと指摘している。彼の主張は、約三五種類の動物の身体の設計図の起源、とくにそれらを生んだ発生のパターンについての説明を読めば、明らかだ。彼は、古生物学や自然選択の理論、とくに発生遺伝学の枠組みのなかで、発生と、発生によって生まれる形態について調べた。彼にとっての発生遺伝学には、相互作用する遺伝子の共進化、時間と空間による遺伝子の働き方のパターン、そして動物の系統を超えたパターン（そして、たぶんプロセスも）の比較も含んでいる。（アーサーによる、遺伝子やたんぱく質の命名や、その略語をつくるルールの一覧表は、頭文字による単語に慣れていない生物学者にとっては、ありがたい貢献だ。）彼の身体の設計図と系統発生に関する議論は総合的で、「形態学を呼び戻そう」と論じている。

ホールもアーサーも発生のメカニズムを徹底的に、ただし異なる観点から再検討している。発生遺伝学の活躍の舞台は急激に拡大しており、新しい情報は日々、蓄積している。すでに指摘したが、マイヤーは約一〇年前に、遺伝子型の領域と身体の設計図の相互作用という彼の考えは「今はまだ言葉にすぎない」と認めていた。以来、遺伝学との間に欠けていた橋を築くべく、大量の研究が行なわれた。研究者たちは「異なる遺伝子型の領域と異なる身体のプログラムの間の非常に複雑な相互作用」を通した研究を行ない、マイヤーやホールらがかつて提示した疑問のいくつかに対する解答を見つけはじめている。いくつかの例を紹介しよう。

発生と形態――統合的なアプローチの実例

発生と形態の理解がパターンと過程の両面においてどのように進んだのかを説明し、それらが二一世紀の科学全般にどのように貢献するのかを示すような、四つの例を紹介する。この四例を選んだ理由は、それらが新しいアプローチをとっており、かつ非常に広範囲にわたる影響力をもっており、そして潜在的に、あるいはすでに実際に、形態学と発生生物学が統合したアプローチ法であり、いくつかの例においては生態学や進化学も含まれているからだ。私の観点は、生物個体を対象とする生物学者のものではあるが、生物学的な複雑性を研究するには組織形態の階層を超えたアプローチが必要だと信じている生物学者のものでもある。

実例1　形成体

発生生物学のもっとも主要な業績のひとつは、マンゴールド（Hilde Mangold）とシュペーマン（Otto Spemann）が、カエルやサンショウウオにおいて、発生初期段階の胚の一部である原口の背唇部が、発生や分化をなんらかの形で促進したり制御したりする「形成体（オーガナイザー Organizer）」領域である、と特定したことだ。彼らは、この原口の背唇部の組織を、ほんのわずかだけ発生や分化の段階が異なる原腸胚*のいろいろな場所に移植するという、一連の実験を行なった。その組織はどこに移植されようが、特定の組織、とくに二本目の体軸と、そこから派生する脊索や神経管、体節といった組織を形成させた〈44〉。原口の背唇部の組織が脊椎動物の発生における形成体であることはすぐに定説となり、いろいろな動物で実験が繰り返され、一般的な原則だと想定された。

＊原腸胚——動物の胚発生の初期段階。胚の細胞の一部が原口から内部に陥入し、原腸が形成される状態の胚。嚢胚ともいう。

ところが、シュペーマンとマンゴールドの報告から何年過ぎても、形成体の実体が何で、どのように発生過程を実行したり左右したりするのかについての情報がまったくない状態が続いた。事実、マイヤーは一九九一年、彼の同僚グッドフィールド（June Goodfield）の一九六八年の主張を言いかえて、「形成体」のようにきちんと分析されていない用語を受け入れてしまえば将来の分析を妨げることになるから、それは避ける

表3－1　形成体で誘導効果をもたらす遺伝子産物・たんぱく質の働き

遺伝子産物・たんぱく質	誘導効果
Chordin	神経・背側形成
Follistatin	神経・背側形成
Nodal	神経・背側形成
Noggin	神経・背側形成
Sonic hedgehog	神経形成

べきである、と書いている。〈17〉

この慎重なコメントが出た後の一〇年の間に形成体の理解が劇的に進んだ。まずハーランド（Richard Harland）が約一〇年前、「noggin（ノギン）」という遺伝子を見つけた。その遺伝子の産物は原口の背唇部においてつくられていた。この発見以来、ハーランドをはじめとする科学者たちは、同じように発現している一群の遺伝子を特定し、それらがどのように組織形成や誘導、細胞の分化に影響を与えているのかを解明しはじめた。〈16、19〉これら遺伝子は、神経構造の分化や中胚葉*から派生してくる組織を含め、頭や身体の発生におけるいろいろな特徴を決定する。たとえばバチラー（Daniel Bachiller）らは、「noggin」と「chordin（コーディン）」が、マウスの前脳の形成に欠かせないことを示した〈3〉（表3－1）。

*中胚葉——多くの動物の胚では、原腸が形成された直後に、大まかに三つの細胞層ができる。そのうち外胚葉（外側の層）と内胚葉（内側の層）の間にある細胞群。脊椎動物の場合、中胚葉から血液系細胞や心臓、筋肉などがつくられる。

これらの遺伝子は、数種類の動物に存在し、すべての脊椎動物に共通で、おそらくは無脊椎動物にも共通だろうと推測されている。ただし、それらの相互作用は種によって異なることが明らかになりつつある。当初、これら遺伝子の産物が直接、発生を誘導すると考えられていたが、最近の研究で、遺伝子産物は発生の指導役や誘導役を務めるのではなく、むしろ拮抗役や抑制役を務め、発生を「容認」しているのだとわかってきた。これら誘導因子はシグナル分子と複合体を形成し、シグナル分子がシグナルを受け取る受容身体と結合する部位をブロックしてしまうことにより、シグナルを抑制している〈8、28、29、47〉。

実験やデータが急速に増えるにつれ、遺伝子が働きだすタイミングや、遺伝子産物の受容体の性質、広く共通して保存されている遺伝子の間の相互作用などが、動物の分類群によってかなり異なることが明らかになりつつある。つまり、長い間、観察されていた発生や形態の変異についての力学的な説明が提供されつつある。もちろん、その説明はまだ完全ではないが、発生生物学者たちは、そのメカニズムを追求するために、還元主義的で、きめ細かな研究を行なっている。同時に彼らは、形と機能の進化や生物の進化に関する問題について潜在的にどんな貢献ができるのか認識を改めつつある。発生生物学者たちは形態学者や進化学者、形態分類学者や生態学者と共同で、生物における変化や変異の性質や影響、つまり自然選択の性質について、解明しはじめるだろう〈36、37、38〉。

実例2　身体の設計図と脊椎動物の祖先

脊椎動物の祖先探しは、身体やその設計図について理解しようという長年の努力の典型例だ。二〇世紀初頭には、どの無脊椎動物の群が脊椎動物の祖先なのかについて、複数の有力な仮説があった。ジョフロワ＝サン・チレール（Étienne Geoffroy St.-Hilaire）は昆虫（節足動物）だと主張、コワレフスキー（Alexander

Kovalevsky）やガースタング（Walter Garstang）はホヤなど尾索類のオタマジャクシ幼生説を唱え、ドールン（Anton Dohrn）は環形動物*が脊椎動物と節足動物の両方の祖先だと提唱した。[18] 環形動物と節足動物の説はどちらも、発生段階や成体になったときの分節の性質に基づいて主張されていた。

＊環形動物――体腔をもつ細長い無脊椎動物の一門。ゴカイやミミズ、ヒルなど。

多くの研究者は、たんに無脊椎動物は脊椎動物とは「分離している」という理由から、昆虫と環形動物を脊椎動物の祖先ではないと、除外した。ところが、ジョフロワ＝サン・チレールだけはすばらしい洞察力をもっていた。[18] 一八二二年、彼は、昆虫は脊椎動物の上下が逆になっただけで、腹部に神経索があったり、背中に心臓があったりするだけだと考えた。この背と腹が逆になったというアイデアは、脊椎動物において脊索の発生を説明したり、新しい口と肛門ができてくるのを説明したりするのが難しかったにもかかわらず、環形動物説にもとり入れられた。

ただしこの考え方は、ホヤ類と脊椎動物や半索動物との関係、あるいはこれらの分類群と、無脊椎動物のなかではいちばん近縁である棘皮動物との関係などについて証拠が集まってくるまで、そのままになっていた。そういった証拠はすべて、口や肛門、体腔などがつくられてくるパターンなど、新口動物*の発生の主要な特徴に基づいたものだった。環形動物の上下逆さま説は、少なくとも歴史的な視点としては一九六〇年代まで生き残っており、一九六〇年に出たローマー（A. S. Romer）の偉大な比較解剖学の教科書や、一九九九年のホールによる教科書でも取り上げられている。[18、40]

＊新口動物――胚の原口が将来、成体になったときには肛門となり、原口以外の胚の陥没部から口ができる動物。脊椎動物や尾索

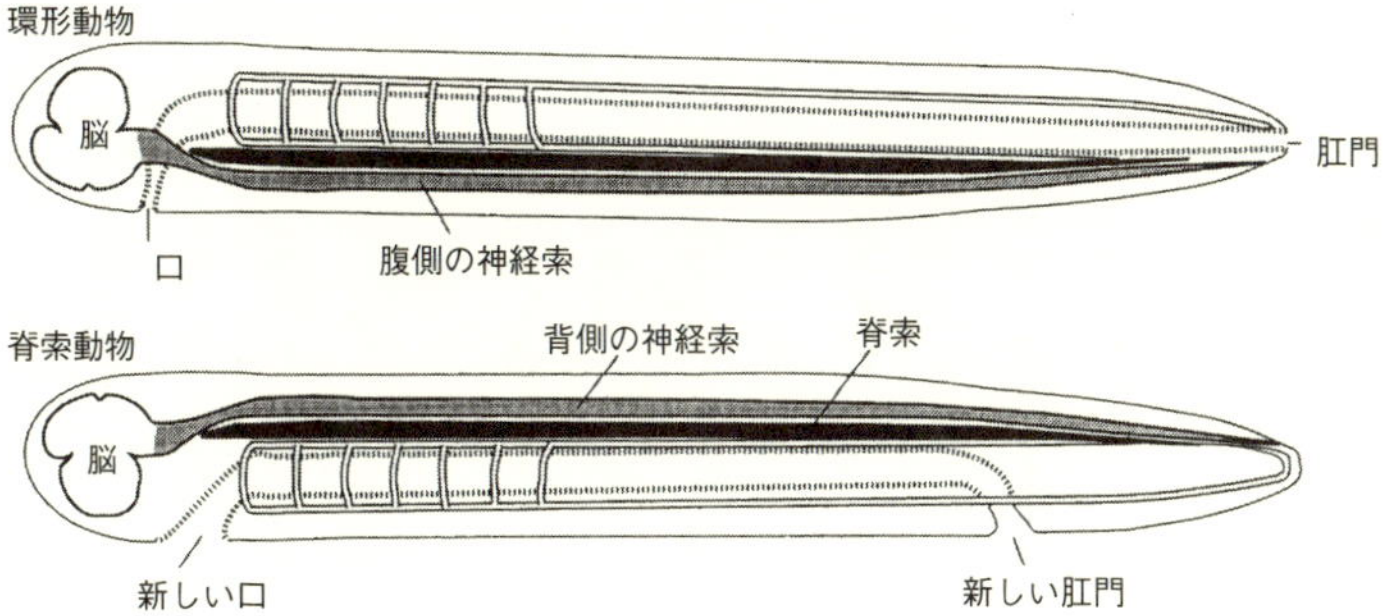

図3−1　環形動物と脊索動物の背腹軸の設計図
脊索動物の設計図は、無脊椎動物である環形動物のものが上下逆になったものだろうか？　遺伝子の分析により、古い問題に新しい光が当てられている[40, 18]

動物、半索動物、棘皮動物などが含まれる。

最近、興味深いことに、この考え方が復活してきた（図3−1）。ショウジョウバエとアフリカツメガエルの背腹の形成を調節する遺伝子の相同性がわかってきたからだ[1]。

ショウジョウバエでは、「decapentaplegic（dpp）」遺伝子が広く背側に発現している一方、「short gastrulation（sog）」遺伝子は腹側両面に広く発現している。位置情報に関係する遺伝子群の「Hox」遺伝子と同じように、これらの遺伝子は、一連の遺伝子に次々とスイッチが入って働きだすような作用に関係している。スイッチが入るにつれ発生が進み、形態構造の空間的な配置が決まっていく[14]。さらに、これらの遺伝子の影響を受けて働く、一連の流れの下流にある遺伝子のいくつかは、腹側の構造に対して背側の構造を特殊化させていく働きに関係している。たとえばdpp遺伝子の下流にある「tinman」遺伝子は、背側に心臓を形成する[2]。

ホーリー（Scott Holley）らは一九九五年、ショウジョウバエとアフリカツメガエルについてどんどん集まってくる、胚の細胞の運命が決まるパターン形成に関係した遺伝子の証拠を分析した。〈22〉彼らは、ショウジョウバエとアフリカツメガエルの遺伝子の発現の仕方や、塩基配列の相同性から、背腹軸の逆転は、昆虫と脊椎動物が共通の祖先から分岐した後で起こったのだろうと考えた。

ショウジョウバエの「dpp」遺伝子と「sog」遺伝子のアフリカツメガエルにおける相同遺伝子はそれぞれ「bmp-4」(bone morphogenetic protein) と「chordin」だが、発現場所はbmp-4が腹側、chordinが背側と、ショウジョウバエとは正反対だ。ホーリーらは、異種間でそれぞれ対応する遺伝子の伝令RNA*を注入しあう一連の実験を行ない、ショウジョウバエのシステムもアフリカツメガエルのシステムも、機能的に等しいことを確認した。〈22〉彼らは、ショウジョウバエのdppとsog遺伝子の伝令RNAをアフリカツメガエルの胚に、カエルのchordin遺伝子の伝令RNAをハエに注入した。ハエの遺伝子産物は、カエルのオタマジャクシのなかでカエルの相同遺伝子の働きを真似した。つまり、dppは背側の構造ではなく腹側の構造を誘導し、sogは腹側ではなく背側の構造を誘導したのだ。ハエのsog遺伝子の伝令RNAのN末端にカエルのchordinの伝令RNAをくっつけてハエに入れると、chordinはハエの腹側の構造を誘導する働きをした。

*伝令RNA (messenger RNA) ――mRNA。遺伝子と遺伝子産物の中間産物。

ホーリーたちの実験から、胚の発生メカニズムは、自らの遺伝子だけに限らず、はるかに離れた種の相同の遺伝子によっても誘導されることがわかった。この結論は、ジョフロワ=サン・チレールの説の進化的な解釈、つまり昆虫か脊椎動物かのどちらかが、共通の祖先から分岐したのちに、軸の形成の逆転を起こしたという解釈を支持している。すべての研究者が、この遺伝子の相同性と軸形成の反転という解釈について疑う余地がないと思っているわけではないが、多くの研究者は納得している。ただし、これらの結果により、新たな疑問も生じた。たとえば、分類群の異なる生物の相同遺伝子が導入されたとき、その遺伝子に対して進化させてきたパターン通りに反応し、推定されている祖先のパターンに戻って今とは逆の反応をしないのはどのようなメカニズムによってなのだろうか、といった疑問だ。

オルソン（Lennert Olsson）とホールは一九九九年、次のように書いた。身体形成について理解が深まった最初の偉大な時代は一九世紀だった、そして二番目に偉大な時代は今だ。〈39〉推進役のひとつは、後生動物の分子系統発生に関する研究だ。これは、身体の設計図がカンブリア紀に爆発的につくられたという説に疑問を投げかけ、進化的にもっと前の時代に起源があるのではないかと示唆している。ほかの推進役は、たとえば初期発生パターンの配置や起源に関する新しい考え方や、進化的に長い間変化せずに維持されてきたホメオボックス遺伝子の一群が体節形成パターンの特殊化に関係しているだけではなく、身体の設計図形成のさまざまな局面に関係しているとわかってきたこと、多様な動物の身体の設計図の発生に参加している多くの遺伝子やシグナル分子と、その植物の相同遺伝子などがわかってきたことだ。

さらに二つの要素を追加しよう。

1　新たな古生物学的なデータの研究。これは、主な分類群や身体の設計図の起源、生物集団の関係について、見直しを迫っている。

2　生物地理学。進化や生物の分布に影響を与えるような、地質や地形の変化のプロセスを強調する。アーウィン（Doug Erwin）は、次の点を指摘する。古生物学者は、後生動物の身体の設計図の起源は、六億一〇〇〇万年前に始まったと記録している。大きな環境変化は、新しい形態が爆発的に誕生する引き金となる。発生上の革新は、分子的な証拠を使えば、時間的に分類することもできるだろう。[11] アーウィンはある発生のパターンが確立すると、それらは引きつづき起こる進化の軌跡を制限するという結論を出している。発生上のメカニズムは進化的な時間や分類学上の距離を超えて、かなり保存されているのは確かだが、それでも十分に変化に富んでいる。

マイヤーはいつもの洞察力で、このような問題に関して、遺伝子型の特定の領域と身体全体の設計図の間の相互作用について彼自身の考えを提示してきた。それは現在の研究のひな型となっている。たとえば著書『*One Long Argument*』のなかで、発生の各段階は進化の自然選択のターゲットになるが、胚発生の各段階は身体全体の発生の設計図の各過程としても位置づけられているため、進化的にかなり種を超えて保存される傾向があると強調した。[33]（マイヤーはそこまで言及しなかったが、そういった進化上の保存が、限られた数の身体の設計図しかない理由のひとつかもしれない。）

マイヤーは、保存された発生過程は系統発生の再現を助けているが、その進化的な意義づけは、発生生物学者が解明してきた発生の因果関係に制約されると指摘する。彼は、多くの発生上の反復の根底には身体の設計図があるだろうと説明している。つまり、祖先の構造が保持されている理由は、それが次の個体発生の過程の設計図となっているために自然選択で残ったからかもしれないというのだ。このような保持は進化に制約をもたらし、その結果、進化的な変化に対する抵抗要因となる。マイヤーは、遺伝子型の領域と身体の設計図全体の研究は、注目に値する全体論的なアプローチだと主張した。そして、「発生には、遺伝子型の異なる領域と異なる身体の設計図の間の、高度に複雑な相互作用が含まれている」から、さらなる分析により研究の進展があるだろうと予測した。

一九九一年以来、遺伝子型の領域の複雑な相互作用についての理解は広範囲にわたって進展したが、彼の予測は今なお新しい、刺激的な問題を提起しつづけている。とくに系統発生学的な意味において、モデル動物以外の生物を比較しようという試みが始まりつつあるが、このようなアプローチは発生生物学と形態学、環境、そして進化にまつわる問題点に新しい光を当てるにちがいない。

実例3　形態学と生体力学

動物が餌を食べたり移動したり、植物が内部で水を移動させたりといった行動をとるときに、生物がどのように働き、生物の構造がどのように機能しているのかを詳しく調べる基盤として形態学を利用するのが、生体力学（biomechanics）の分析だ。生体力学の歴史は長いが、最近、いくつかの新しい装置と新しいアプローチがこの分野に革命を起こしている。二〇世紀の大半において、生物が機能する方法に関する研究は、ひとつの種についての個別具体的な事例の研究であり、通常は生物の特定の組織レベル——ほとんどの場合は生体全体についてではあるが、しばしば骨格と筋肉の相互作用のレベルについての研究だった。二〇世紀後半の五〇年、とくに最後の一〇年間、構造と機能の関係についての法則やモデルが発展してきた。生体力学における理解の進展を示す二つの例を紹介しよう。いずれも二〇世紀に行われた動物の運動に関する研究だ。

一九世紀後半から二〇世紀初頭にかけて研究生活を送った、非常に才能に恵まれたマイブリッジ(Eadweard Muybridge)は、動物の移動に関する分析のパイオニアだった〈34〉。一定の短い時間間隔で連続して写真を撮ることにより、長らく、議論されてきた問題を含む、動物の移動についての論争に決着をつけるために必要なデータを提供できるだろうというのが、彼の洞察だった。長年の問題というのはたとえば、馬の四本脚がすべて地面から離れることがあるのだろうかとか、どのように鳥は走り、そして飛ぶのだろうかとか、どのように並み足から速足、そしてギャロップへと移るのだろうかという、馬の足並みの分析に関する疑問などだ。

マイブリッジはコロジオン液を塗った金属板を使って写真を撮ったが、短い間隔で遠距離でも、解析度のいい画像を得ることができた。というのは、彼は、モーター仕かけの時計を使って電気回路を切ったりつなげたりする自動露光システムや、分析的に撮影した写真を見せる「動物行動観察器(zoopraxiscope)」という機械を開発したからだ。彼の開発した装置は、今日使われているすべての映像分析器のさきがけであり、そこで使われている基礎的な撮影と分析の法則は、現在の法則の前提となっている。

マイブリッジは、大量の分析を可能にする構造や比較的新しい映像分野の技術を使っており、今日の技術革新とならぶレベルの技術革新を行なっていたと言える。しかし彼は同時に、今日ではほとんどかえりみられなくなった学術的な問題についても探求していた。たとえば、馬の足並みに関する考察のなかで、ギリシャやビザンチン時代の陶器や絵画における描写やローマ時代以降の彫刻における描写と、彼が撮影した馬と騎手の連続写真を比較している。絵画や彫刻にはたくさんの表現様式があるが、多くは馬の四肢については

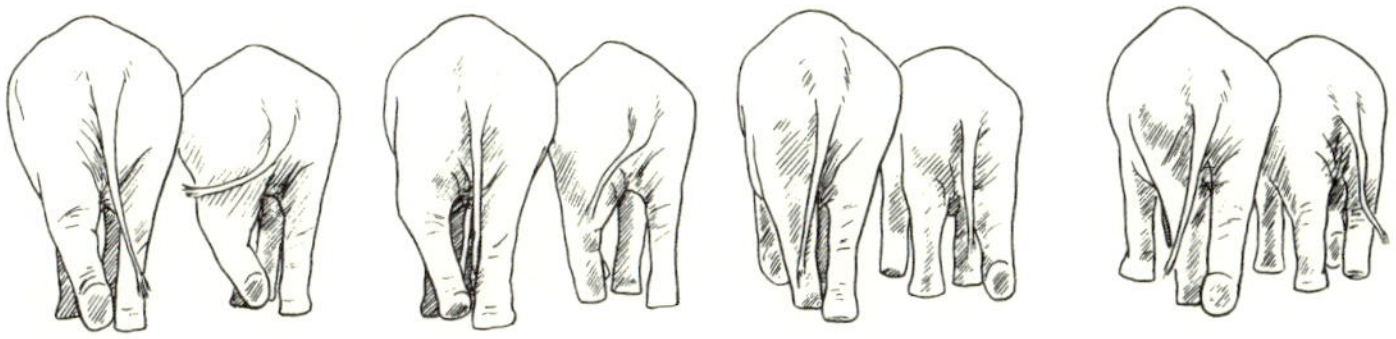

図3－2　ゾウの歩みのパターン
運動についての生体力学的な分析の一例として（〈34〉より）

非常に正確である一方、馬に乗っている人物は馬の足並みに関係なく不動の姿で描かれており、非常に不正確であると、マイブリッジは指摘した[34]。さまざまな動物に限らず、健康な人も病気の人も含めた人間の子どもや大人が、多様な動きをする様子を撮影した彼の写真は、今日でも運動の分析に大きく貢献している（図3－2はゾウの例）。

一〇〇年近くの間、写真技術の主要な進歩によってもたらされた進展を除けば、運動の分析において、運動学的な進展はほとんどなかった。たとえば映画カメラは、ストロボや画像解析プログラムの開発とともに技術的な改善をもたらしたが、それによって新しい原則が発見されたわけではなかった。

しかし最近二〇年ぐらいの間に運動学や生体力学は、動物の動きの分析に、新しい技術やアイデアをとり入れるようになってきた。ディキンソン（Michael Dickinson）のグループは、運動の複雑さは神経と筋肉、骨格、そして物理的な環境の統合的な相互作用によって生じると分析している[10]。彼らは、多彩な種の異なる運動について研究することにより、ほとんどの動物の運動に共通する少数の原則を見いだすことができるとも指摘する。全体論的なアプローチから還元主義的なアプローチまでを統合するようなアプローチは、運動システムの各要素がどのように機能するかを示すだけでなく、それが集合した全体としてどのように機能するかも示すからだ。

生体力学とその研究者は、新興のロボット工学において大きな貢献をしつつあり、生物学と工学の知識を統合させることにより、大きな社会的需要に応える新しい道具を生みだしつつある。たとえば私の同僚のフル（Robert Full）のグループは、ゴキブリやムカデ、カニ、サンショウウオなどの動きを観察した。[27,30] 多くの動物が、使う脚を順番に代えていく三本足歩行を行なっていた。その動きの力学について分析するだけでなく、足並みの変更、方向転換、断続的な運動と持続した運動の違いなどについても分析した。動物がどのように動くのかを理解することにより、海底や湖の底のようにでこぼこしたところを探索するロボットの開発を進めることができる。

ロボット工学に革命を起こしている二つの原則は、三本足歩行が大半の動物の動きを特徴づけているという事実と、動物は一定の速度でまっすぐに動くのではなく、内外の要因に合わせて動きを調整しているという「意外な新事実」だ。しかも、その調整は、カニであれロボットであれ、手足など身体の付属器官の物理的な特性によって行なわれるだけで十分で、神経系のフィードバックは必要ないことも明らかになった。海を探索したり、人間が行けない、あるいは行くべきではない地上の場所に行けるような、大小さまざまなロボットが開発されつつある。血管のなかにも入れる微小なロボットも開発されつつある。いずれの場合も、ロボットをどうやって動かすかが鍵だ。

ハエの飛び方についてのディキンソンの研究もまた、私たちにまったく新しい形態学の見方を教えてくれた。[9] 双翅類の一員であるハエの進化上の主な特徴は、後ろの羽が縮小し、その痕跡が棒状の構造をした

「平均棍」になったことだと、長らく考えられていた。しかしディキンソンのグループは、平均棍が、ハエが飛んでいる最中に身体が旋回する角度を探知し、身体の平衡を保つための器官であることを示した。彼らは平均棍によって調整される反射運動を記録し、平均棍の求心性神経は、舵とり役の運動ニューロンに直接情報を送っていることをつきとめた。〈9、12〉 彼らは、飛翔中の神経系への情報入力のモデルについて研究するために、ロボットのハエを開発した。

機能形態学と生体力学は工学にいろいろな情報を提供する。一方、工学や物理・化学などの自然科学は形態学にさまざまな情報を提供してくれる。機能形態学の研究に利用できるツールは、マイブリッジの時代と比べものにならない。たとえば、はるかに性能のいいカメラ、コンピューターを利用した器具や分析器、ウォーキングマシーンや回転装置、陸上競技場、人工水路、人工的に空気の流れをつくれる風洞装置などがある。多くの機能形態学の研究者は、身体の骨格から神経系へのフィードバックを調べたり、運動について理解するために筋肉繊維のダイナミックな動きに注目する一方で、環境によって与えられた物理学的な特質についても注目するなど、かなり統合的なアプローチをとるようになってきている。あとで私が議論するように、生物学の原則の理解や、その応用が進めば進むほど、人類や自然の役に立つ道具の開発も進むだろう。ただし一方で、自然破壊を促進してしまう可能性もある。

実例4　発生生物学と形態学、そして生態学

記述を中心とする形態学や発生生物学が二〇世紀には、「絶滅」を含めた種の進化のメカニズムについて

理解するために、生態学や行動科学の知識をとり入れた統合的な研究に進展していった様子を、最後の実例として取り上げたい。二〇世紀の大半を通して、形態学者や発生生物学者、博物学者、生態学者、そして分類学者たちが取り組んできたのは、多くの種の成体に関する記述と、わずかな種の発生の研究と、もっと少ない種の生態学的研究だ。大半は、ひとつの種についてだけ調べる方法をとってきた。ごく最近になって、系統発生学的な文脈において比較手法がとり入れられ、形態学者や分類学者をはじめとする生物学者たちに、分類群の間の関係や特質について、新たな洞察がもたらされた。（これはふたたびマイヤーが予言し、かつ推奨していた研究だ。彼はこのような研究を可能にする技術や理論の進展に通じていた。）

もちろん、群集生態学者たちは複数の種が同時に存在するシステムについて調査しているが、通常は、そのシステムの進化や、そのなかの種の関係、あるいは広い意味での比較といった観点をもっていない。しかし、この点についても最近は変わってきた。種や個体群を構成する個々のメンバーについて、その発生生物学的特質や機能、構造について情報が集まるようになり、以前よりも複雑な分析が可能になってきている。最近一〇年間で行われた研究のひとつを紹介したい。それが二一世紀には環境や進化を考慮した、形態や発生の複雑さを探求するひとつのモデルとなることを願って。

発生生物学は、生態学や生命史研究とともに、私たちに生物多様性の変化について語ってくれる。一九九〇年、二人の科学者が、通常より脚を多くもったカエルやサンショウウオが米カリフォルニア州のいくつかの小さな池で発見されたと報告し、余分な脚がどのように発生したのか、考えられるメカニズムを示唆した。〈43〉問題となった池は一九七四〜八六年までの間、継続的に観察されていた。というのは、そこにいるサンショ

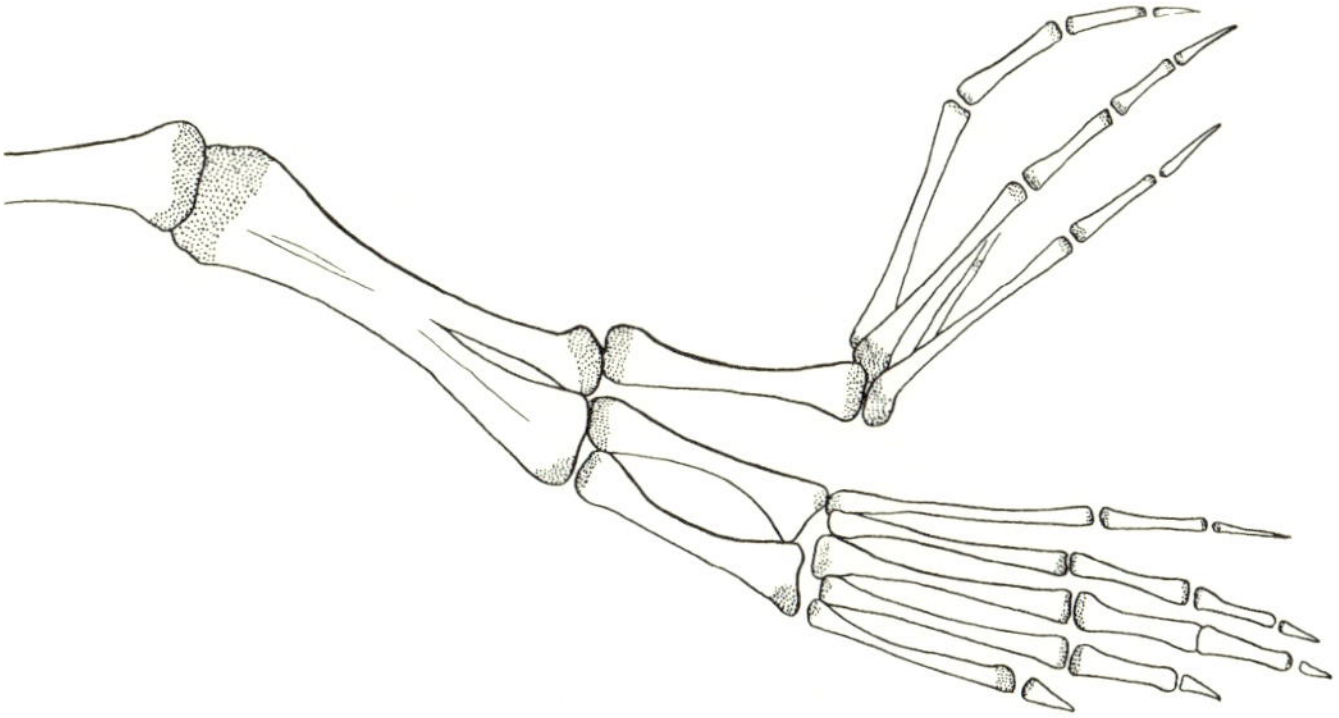

図3−3　脚が2倍に増えたカエル
原因は寄生虫、カエルの発生過程の生理学的要素、進化過程の適応能力の限界を上回る速度で起きた環境変化によりもたらされたカエルへのストレスといった複数の要素の相互作用のようだ

ウウオの一種、サンタクルス・ユビナガサラマンダー（*Ambystoma macrodactylum croceum*）が絶滅の危機に瀕していたからだ。一方、そこにいるカエル、パシフィック・ツリーフロッグ（*Hyla regilla*）は、たくさん繁殖していた。観察を始めた最初の一二年間は、余分な脚をもつ個体は一匹もいなかった。一九八七年に初めて、そして翌八八年には大量に、通常より多い脚をもつカエルやサンショウウオが見つかった（図3−3）。サンショウウオでは、後期の幼生の三九％、若い個体の三八・五％、そして成体の四・六％が余分な脚をもっていた。カエルの場合、成体の七二％が後ろ脚に異常があった。しかも五〇％以上がまるまる一本以上の余分な脚をもっており、片側に一本の余分な脚をもつカエルから左側に九本と右側に三本の脚をもつものまで、さまざまな異常が見られた。前脚の異常はほとんどなかった。

池の水の化学的な分析には異常はなかった。異常な脚をもつ動物を見つけた生態学者のルース（S. B. Ruth）は、発生生物学者のセッションズ（S. K. Sessions）の協力を取りつけた。セッションズは異常をもつカエルとサンショウウオの標本を見てすぐに、寄生虫である扁形動物の吸虫の一種の、殻のような嚢胞に入ったメタセルカリア幼虫（被嚢幼虫）に感染していることに気づいた。その幼虫の嚢胞はカエルやサンショウウオの体中にあり、とくに後ろ脚の付け根の部分に集中していた。嚢胞の存在と余分な脚には密接な関連があったが、嚢胞が余分な脚の原因なのか、それともすでに異常があったり病気だったりした動物に感染しただけなのかという疑問は残ったままだった。

脚の発生の知識に基づき、セッションズは疑問を解決するために実験を行なった。使ったのは、実験室で飼っているアフリカツメガエル（*Xenopus laevis*）とサンショウウオの一種、メキシコサラマンダー（*Ambystoma mexicanum*）だ。どちらも発生生物学でモデル動物として使われている。彼は、寄生虫の嚢胞と同じ大きさの樹脂のビーズをカエルとサンショウウオの幼生の脚が生えてきた部分に移植した。移植手術をした二〇％から、余分な脚が生じた。セッションズとルースは、脚が生えてくる「肢芽」にあたる部分の組織間の相互作用が物理的に分断されると、脚のもとになる原基が分岐して、脚の構造が重複して発生すると結論づけた。〈43〉この結論は、それまでに知られていた、脚の軟骨が集まって発達する過程で生じる、伸長や分岐のパターンと矛盾していなかったし、実際に脊椎動物や昆虫を含む何種類かの動物で、発生の途中で組織に損傷があると、重複が生じるという報告もある。カエルとサンショウウオの例は、扁形動物の一種である寄生虫という環境要因が、発生と形態において不安定をもたらしたケースだ。

最近、たくさんの脚をもつカエルが世界中で見つかっている。その原因については、寄生虫説以外の仮説もいくつかある。たとえば、動物の体内の発生誘導物質であるレチノイン酸の刺激や、それに似た物質によって引き起こされるという説だ。[15] ただし、寄生虫説は説得力を失っていない。[23, 42]（余分な脚が生じるときに寄生虫が必ずいる、というわけではないが。）ただしどの仮説も、どうして両生類が突然、寄生虫に感染しやすくなってしまったのかについては説明していない。環境ストレスのために以前より脆弱になったのだろうか？ 寄生虫の数が突然、増えたのだろうか？ これは、私たちの環境について重要な警告を与えているのかもしれない、動物の形態や生態系で起きている現象の解明に、発生生物学が一役かっている一例だ。

形態学と発生生物学は二一世紀にどんな貢献ができるか？

二一世紀における生物学にとっての一般的な課題のなかで、あえて書く必要もないぐらい明白なものは次の三つだろう。

1 解答の見つかっていない疑問に対して解答を見つける。
2 発生生物学や形態学、そしてほかの分野の研究を統合し、生物学の明確な原理を創造するための枠組みをつくる。
3 社会に対する生物学の貢献を、わかりやすく、当面の問題にとって意味のあるものとする。

発生生物学と形態学の研究やそこから生まれるデータや分析と、上記のような全般的な課題はどのように関係しているだろうか？　実例1～4で示したように、形態学と発生生物学はいきがよく、元気な分野だ。生物の複雑性に関する問題を理解するために、生物学の諸分野が統合して新たな統一体をつくろうとしている動きに参加している。形態学と発生生物学の研究は、あらゆるレベルで言えることだが、とくに複数の要素や結果、構造と機能の関連性などについて統合的に考察し、私たち自身や私たちをとりまく世界を理解しようとする試みのなかで、無限に貢献できる可能性をもっている。

発生生物学は科学の世界にまったく新しい展望を開きつつある。発生生物学における遺伝学と生化学の統合は、発生過程や個体発生の変化の要素である、構造上の性質や形態、機能について新たな知識を提供している。同時に、形態の反復に対して物理的なアプローチをとることにより、形態がどのように進展したり維持されるのかというブラックボックスを開けつつある。個体についての研究が中心ではあるが、ある程度までは種についても当てはまる。発生生物学者は多くの生物の分類群に共通している遺伝子や発生過程についての明らかにすることで、進化学者たちに、分類群同士の関係を考える、新しい道筋を示している。

ただし、私がこの章の最初に提示したような、答えの見つかっていない主要な疑問点は残ったままだ。なぜ、こんなに少数の身体の設計図しかないのだろうか？　発生の制御の多くは共通の基盤に依存しているとしたら、いったい何が、個体や種の間の多様性をもたらしているのだろうか？　生物の遺伝情報はどのように発生を通して環境に適応しているのだろうか？　ホールが指摘したように、遺伝子型と表現型には一対一の対応があるわけではない[18]。したがって発生生物学者たちは、多様性を生みだすように発生パターンを変化させているのが何かを理解するために、環境要因も考慮しなくてはならない。

「主要な形態の刷新」を含めて新しい形態がどのように生じるのかについてもまだわかっていない。ある種の環境のパラメーターに対して、分類上は離れた種が似たような形態上の変化を見せるのはなぜかも、まだ不明だ。(このような変化を成因的相同、あるいは収束進化、または平行進化という。詳しくは〈41〉参照)。今ある身体の形がどのようにできてきたのか、そして形がどのように多様化するのか。それらが理解できれば、どのように新しい身体の形態が生まれるのか、つまりどのように新たな種が生じるのかについても新たな知識がもたらされるにちがいない。同時にそれは、どのように古い形態が環境に適応しなくなるのか、つまりどのように種が絶滅するのかについての新たな知識ももたらすだろう。系統はあっという間に絶えるわけではない。発生生物学者は、生物が環境の変化に適応するためには、なぜ遺伝子型とその表現型の多様性だけでは十分ではないのかについても、答えを見つけてくれるだろう。

発生生物学者はまた、生物多様性の誕生とその維持に関する理解や、今、生物多様性が減少しつつあるのはなぜかについての理解を進展させる大きな潜在能力をもっている。一例は、ブロースタイン(Andrew Blaustein)のグループが行なった研究だ。〈4、5、6、13、21、25、26〉彼らは過剰な紫外線Bが、米オレゴン州の数種類のカエルやヒキガエルの胚が孵化する成功率に大きく影響を与えることを示した。そして紫外線Bが胚のDNAを破壊する速度は、修復酵素が対処できないようなスピードだろうと指摘している。紫外線Bの量が増えたのは、オゾン層に変化をもたらした人間の行動が原因だろう。その変化があまりにも急速に起こっているために、生物がもつ修復システムの進化は追いついていけず、いろいろな生物の個体数が急激に減っている。ブロースタインのグループはそのように傷つきやすい生物とその病原体、とくに菌類との相互作用についても研究している。

ブロースタインの統合的なアプローチはひとつのひな型だ。彼は生物の個体数減少を理解するために、生態学や生化学、そして発生生物学を組み合わせた研究を続けている。発生上のパターンに変化をもたらすだけでなく、潜在的には進化上の変化や絶滅をもたらすかもしれない環境や環境破壊の影響について、発生の仕組みと環境的なきっかけやシグナルの相互作用についての新しい認識は、新しい考え方を提示してくれるにちがいない。

形態学者にとって、発生上の制約やメカニズムに関する新しい洞察は、進化においてであれ生理的にであれ、適応がどのように起こるのかといった主要な問題を解明するうえで新たな道を見つけるきっかけになるだろう。行動や生態の変化が形態の変化を引き起こすのか、それとも形態の多様性が行動や生態の変化を起こすのか、そしてそれらが起こるメカニズムはどんなものか、という問題に対しても、解明のきっかけを与えてくれるかもしれない。分類学や進化学、工学、そして生物物理学の最近の進展は、構造と機能の関係についての問題や、細胞内のメカニズムから神経系のコントロールと環境要因の統合的な関係にいたるまで、いったいどのように生物が機能しているのかという問いに対する、新たな考察の方法を示してくれる。

形態学者は今、分類学的な分析を利用するときの特質や、新たな意味をもつ機能の単位やほかの要素とは独立した性質などについて、以前よりはいろいろと発言する内容をもっている。しかし私は、形態学者たちが今よりももっと、ほかの分野と情報を交換しあって研究を進めるべきだと強調したい。たとえば、機能形態学が構造や形質について私たちに教えてくれることは、分類学者や進化学者にも伝えられるべきだ。そうすることによって彼らのデータベースがより充実し、以前にも増して確固とした、系統発生の仮説が創造されるだろう。同様に、分類学者や進化学者によって発展した系統発生上の理解は、ほかの分野の生物学者たちともっと共有されるべきだ。比較研究の方法は、今ルネサンス期を迎えている[7、20]。生物分類群同士の関係についての確固とした仮説をつくって進化上の変化の方向を決めるために必要な、系統発生に関する分析を可能にするさまざまな新しい方法が、比較研究のルネサンスを促進している。

生物の行動や生態の根底にある、形態のパターンや発生の過程について、新しい認識が生まれつつある。それは、たとえば生態学者が生物の「機能グループ」あるいは共通の食性をもつグループについて、たんに活動を観察するだけでなく種の構成まで調べるようになって生まれてきた[45、46]。あるいは、行動学者が「羽根」について、色の生化学的特質から羽根の構成要素の構造、将来の配偶相手になるかもしれない仲間から反応を引きだす行動の一部である羽ばたきの基礎となる神経や筋肉、骨格の働きにいたるまで、あらゆるレベルにおける構造の相互作用に注目するようになったのも、新たな認識が生まれた一因だ。

発生生物学と形態学の統合的な分析がほかの生物学の分野や生物学以外の自然科学、あるいは社会科学の知識をとり入れることにより、生物の複雑さの起源やその進化についてさまざまなレベルで理解できるようになる。私たちは、複雑性がどのように生まれ、どのように機能し、細胞以下のレベルに始まり個体、生態、そして行動のレベルでどのように維持されているのかを知る必要がある。私たちはまた、発生の過程やパターン、形態、そして個体を含んだ複雑性が、どのように変化するのかを知る必要もある。発生のメカニズムは、そういった問題を解明するのにある程度役立つだろう。発生と形態形成のメカニズムを分析することにより、進化の複雑性に関するほかの問いに対する答えも見つかるかもしれない。たとえば、遺伝子のわずかな変化が、雌雄を生んだり社会性をもつ昆虫の機能別階級をつくったりという、さまざまな種類の大きな形態変化をもたらすことが明らかになりつつある。なぜこのような変化が起こるのかがわかれば、複雑な行動の進化のみならず、社会システムの複雑性についての解明も進むだろう。

ここまで私は、まだ解明されていない一般的な研究の課題についてほのめかしてきたにすぎない。発生生物学と形態学は、医学や生態学の分野での応用などで大きく社会に貢献しているし、貢献する潜在能力はどんどん高まっている。発生のメカニズムに関する知識、とくにその遺伝子要因の知識は、新しい治療法の開発のみならず、家族性の病気や形態の変化を治す治療法の開発も促進している。頭部や顔の発生はその一例だ。頭部の発生や進化の生物学的な根本原理を解明することにより、歯やあご、筋肉組織に異常が起こる原因について新たな理解が進んでいる。そしてこれらの異常を発生生物学的に、あるいは外科的に調整する方法の開発にもつながっている。いくつかの発生上の異常は、遺伝子を操作したり外科手術を受けたりしなくても、健康的な食事によって防げる可能性のあることもわかってきた。たとえば母親の食事に含まれるビタミンB複合体のひとつ、ビオチンの量を増やすことで、脊椎破裂症の発生率や、人間やほかの脊椎動物において脊椎の神経弓が不完全なままできあがる確率を低くすることができる。このような構造の変化についての生物学的な原則について、もっと徹底的な研究が求められている。

生体工学は修復のための原材料を扱っている。たとえばサンゴの骨格は、骨の修復の補助に使われている。機能形態学者や生体機械工学者たちは、よりよい義肢などの補助器具を開発するのに役立つ原則や経験を提供する。ロボットの開発についてはすでに言及した。海底であれ血管内であれ、私たちが行けないさまざまな場所に行けるロボットがつくられている。今やロボットの行けないところは、私たちの想像力がおよばない場所だけ、という状況になりつつある。形態学のそのほかの応用分野には、個人識別がある。目の網膜の模様、指紋などで個人を識別する機械が開発されている。発生生物学と形態学の社会貢献の可能性は無限にある。ただし、ドナーとなる種の生活の質が、レシピエントとなる種の生活の質と同様、維持されなければならない。

社会的に重要なほかの問題については、発生生物学や形態学の応用はまだそれほど進んでいない。たとえば、私たちはつねに個体発生を観察している。子どもは大人になり、オタマジャクシはカエルになる。毛虫はチョウになるし、苗は花や草、木へと育つ。しかし私たちはしばしば、ひとつの種に集中しすぎるし、連続性ではなく成長の各段階を考えすぎる。私たちは老化についても忘れている。老化は、私たちの環境をつくるすべての構成成分が、世代を超えて相互作用することだ。生態が遷移するときのいろいろな段階における種の構成は、実際には生物個体の発生過程でもあるし、長い時間で見れば生態系の個体発生の過程でもある。私たちは文字通り、木を見て、森を見ていない。

さらに言えば、生態学は、異なる種の形態の間、あるいはそれらと物理的な環境の間の相互作用についての研究だと私は考える。今の生態学的な分析のなかで人気のある「機能グループ」についても、そこに属する生物種間の相互作用における機能を可能にしている形態的な特質によって、うまく特色を表わすことができるだろう。このような視点は、異なる地域に住む機能グループを解明し、新たな概念を生みだすのに貢献するかもしれない。木の高さや葉の形といった形態上の性質や、優位に立っている肉食動物の形態などは、ある生息地における生物の機能の主要な特質だ。形態学は、彼らがどのような形をしていて、どこにいるのかを扱い、発生生物学は、彼らがどのようにそういった形態になったのかを扱う。

全体論的な視点に戻ろう。私は、異なる分野や複数の階層がもっと統合的に一緒になり、仮説を立てたり、検証したり、そして主要な問題を分析したりすれば、生物学的な理解がいっそう深まり、社会への貢献も進むと思う。私たちは、科学や社会の多くの要因に影響を与えるような統合的で重要なテーマについて研究計画を進展させる必要がある。

いくつかの例で示したように、発生生物学と形態学の発展が、技術の進歩からはかり知れない恩恵を受けてきたことを認識しなければならない。コンピューターによるデータの蓄積や分析、モデル作成やシミュレーション、検索などにより、研究をより速く、そしてより革新的に行なうことができるようになった。あらゆる種類の機械が新しい分析を可能にしている。技術は明らかに新しい器具やその応用方法を提供しつづけるだろう。ただし、どのような技術革新が行なわれるかは、それらを発明する人と、それらを使う科学者のアイデアにかかっている。科学者と設計者はどちらも、技術を賢明な方法で応用する責任がある。

発生生物学者と形態学者にとって、二一世紀は確実に刺激的な世紀となるだろう。技術の進展により基礎研究は促進され、生物学の重要な問題だけでなく、社会的な問題への応用も進むだろう。革新的なアイデアはたくさんある。すばらしい科学が発展する可能性は非常に大きい。技術もアイデアも兼ね備えた人がどんどん科学教育を受けている。しかし、彼らのなかには仕事を見つけられない人もいる。地理的にみても国籍でみても、そして分野でみても、科学者の分布はゆがんでいる。新しい技術と考え方を促進し、科学を社会の役に立つように活用するという視点を具体化するために、私たちは何が必要なのだろうか？　科学教育についての哲学をしっかりもっており、しかもそれを実行する能力のある、教育のシステムが必要だ。科学知識について自信をもっている教師と、彼らがつねに新たな情報を入手できるような効率的手段が必要だ。たんなる事実を教えるだけではなく、統合的に、さまざまな分野との関係についても言及できる教師が必要だ。そうすれば、生徒たちは科学を広く理解することができる。

このようなシステムや教師は、もっと科学リテラシーをもった偏見のない市民を生みだすだろう。そうすれば、私たちの支援者は、科学的な事実によく通じているだけでなく、科学研究が行なわれる方法についても熟知するようになるだろう。そのような状況になれば、広い視点をもつ科学が求められると同時に、科学の社会への貢献がよりよく理解されるようになるだろう。統合的な視点で教育を受けた市民はまた、社会の役に立つというのはたんに人類の役に立つだけでなく、地球上のすべての生命に影響を与える、あらゆる相互作用の意味を理解することだと認識するだろう。形態学と発生生物学は、できれば両方一緒に理解することが望ましい。それらは大変役に立つが、ただし、統合的で、前進しつづけている科学の一部にすぎない。私たちは、あらゆるレベルの教室で、そして実験室で、そしてフィールドで、マイヤーのような視点をもった人びとが必要だ。マイヤーのような独創性をもつのは難しいことだが、彼の視点を伝える作業はなんとか始まろうとしている。

二一世紀への挑戦

これまで私は、新しい疑問や問題、そしてまだ解決していない古い問題について説明してきた。こういった重要な問題を扱うのに、二一世紀の科学は、前例がないほど前途有望だ。というのは、技術や装置の進歩があり、そして科学者自身が、複雑な問題の解決のために統合的なアプローチが重要だということを認識しているからだ。新しい研究方法を通して理解できるであろう複雑な問題をいくつかあげてみよう。そのなかには発生や形態、進化、そして生態の側面から見た、この地球上の住人たちの相互作用ももちろん含まれている。

1 発生生物学や遺伝学、そして形態学の技術とアプローチを使い、新しい身体の形や新しい種の進化を分析する。そして発生の過程やパターンを理解するために系統発生学的な分析を利用する。

2 構造と機能の相互作用やその進化を、分類体系的な、あるいは統合的なアプローチを通して理解する。そのアプローチのなかには、多方面にわたる分析や、生物学以外の化学や物理学、工学といった分野の解釈も含む。

3 生物が発生から死にいたるまでの過程や、全体的な個体発生の過程を念頭に置いて、環境的な要因がどのように発生と形態に影響を与えるのかを調べる。とくに個体や集団における適応度がどのような結果をもたらすのかについて考察する。

4 遺伝子や細胞、生物個体、種、そして環境の相互作用に関してどんどん深まる理解を、地球上の生物の生存や絶滅、保全、そして必要でかつ適切な場合には管理にまつわる問題に応用する。

5 コンピューターに詳しく、そしてますます専門化し、かつ都市化しつつある世界に住む賢い人びとや政治家に、発生生物学や形態学を含む生物学の本質、そして貢献について教育する。

私たちは知的にも実際上も重要な問題を考慮するにあたり、必要な技術も革新的な科学者たちも、そして生物学への新たな関心もすべてもっている。二一世紀には、哲学的で同時に現実的でもある生物学の研究が、確実に大きく進展するだろう。

謝辞

私の発生生物学と形態学についての考え方や、それらの生物学に対する貢献、そして統合的な生物学の重要性についての意見は、多くの生徒や同僚、さまざまな委員会などで一緒だったメンバーたちから大きな影響を受けた。何人かの同僚には論文や図表を貸してもらったり、議論の相手になってもらったことを感謝したい。査読者や編集者からのコメントは、この論文を改善してくれた。なかでもとくに、私が口頭発表したときのスライドを準備してくれたサマーズ（Adam Summers）と、図を仕上げてくれた米カリフォルニア州立大学バークレー校脊椎動物博物館のクリッツ（Karen Klitz）に感謝したい。最後に、私の形態学や発生生物学、そして進化学における研究を支援してくれている全米科学財団に対して謝意を表したい。

引用文献

1. Arthur, W. 1997. *The origin of animal body plans: A study in evolutionary developmental biology*. Cambridge: Cambridge Univ. Press.
2. Azpiazu, N., and M. Frasch. 1993. *Tinman* and *bagpipe*: Two homeobox genes that determine cell fates in the dorsal mesoderm of *Drosophila*. *Genes & Dev.* 7:1325–40.
3. Bachiller, D., J. Klingensmith, C. Kemp, J. A. Belo, R. M. Anderson, S. R. May, J. A. McMahon, A. P. McMahon, R. M. Harland, J. Rossant, and E. M. De Robertis. 2000. The organizer factors Chordin and Noggin are required for mouse forebrain development. *Nature* 403:658–61.
4. Blaustein, A. R., J. B. Hayes, P. D. Hoffman, D. P. Chivers, J. M. Kiesecker, W. P. Leonard, A. Marco, D. H. Olson, J. K Reaser, and R. H. Anthony. 1999. DNA repair and resistance to UV-B radiation in western spotted frogs. *Ecol. Appl.* 9:1100–1105.
5. Blaustein, A. R., P. D. Hoffman, D. G. Hokit, J. M. Kiesecker, S. C. Walls, and J. B. Hays. 1994. UV-B repair and resistance to solar UV-B in amphibian eggs: A link to population declines? *Proc. Nat. Acad. Sci.* 91:1791–95.
6. Blaustein, A. R., J. M. Kiesecker, D. P. Chivers, D. G. Hokit, A. Marco, L. K. Belden, and A. Hatch. 1998. Effects of ultraviolet radiation on amphibians: Field experiments. *Amer. Zool.* 38:799–812.
7. Brooks, D. R., and D. A. McLennan. 1991. *Phylogeny, ecology, and behavior: A research program in comparative biology*. Chicago: Univ. of Chicago Press.
8. Brunet, L. J., J. A. McMahon, A. P. McMahon, and R. M. Harland. 1998. Noggin, cartilage morphogenesis, and joint formation in the mammalian skeleton. *Science* 280:1455–57.
9. Dickinson, M. H. 1999. Haltere-mediated equilibrium reflexes of the fruit fly, *Drosophila melanogaster*. *Phil. Trans. R. Soc. London B* 354:903–16.
10. Dickinson, M. H., C. Farley, R. J. Full, M. Koehl, R. Kram, and S. Lehman. 2000. Toward an integrative view of how animals move. *Science* 288:100–106.
11. Erwin, D. H. 1999. The origin of body plans. *Amer. Zool.* 39:617–29.
12. Fayyazuddin, A., and M. H. Dickinson. 1996. Haltere afferents provide direct, electrotonic input to a steering motor neuron in the blowfly, *Calliphora*. *J. Neurosci.* 16:5225–32.
13. Fite, K. V., A. R. Blaustein, L. Bengston, and J. E. Hewett. 1998. Evidence of retinal light damage in *Rana cascadae*: A declining amphibian species. *Copeia* 1998:906–14.
14. François, V., M. Solloway, M. W. O'Neill, J. Emery, and E. Bier. 1994. Dorsal-ventral patterning of the *Drosophila* embryo depends on a putative negative growth factor encoded by the *short gastrulation* gene. *Genes & Dev.* 8:2602–16.
15. Gardiner, D. M., and D. M. Hoppe. 1999. Environmentally induced limb malformations in mink frogs (*Rana septentrionalis*). *J. Exptl. Zool.* 284:207–16.
16. Gerhart, J., and M. Kirschner. 1997. *Cells, embryos, and evolution*. Malden, Mass.: Blackwell Science.
17. Goodfield, J. 1968. Theories and hypotheses in biology. *Boston Studies Phil. Sci.* 5:421–49.

18. Hall, B. K. 1999. *Evolutionary developmental biology*. 2d ed. Dordrecht: Kluwer Acad. Publ.
19. Harland, R., and J. Gerhart. 1997. Formation and function of Spemann's organizer. *Ann. Rev. Cell Dev. Biol.* 13:611–67.
20. Harvey, P. H., and M. P. Pagel. 1991. *The comparative method in evolutionary biology*. Oxford: Oxford Univ. Press.
21. Hayes, J. B., A. R. Blaustein, J. M. Kiesecker, P. D. Hoffman, I. Pandelova, D. Coyle, and T. Richardson. 1996. Developmental response of amphibians to solar and artificial UVB sources: A comparative study. *Photochem. Photobiol.* 64:449–56.
22. Holley, S. A., P. D. Jackson, Y. Sasai, B. Lu, E. M. DeRobertis, F. M. Hoffman, and E. L. Ferguson. 1995. A conserved system for dorsal-ventral patterning in insects and vertebrates involving *sog* and *chordin*. *Nature* 376:249–53.
23. Johnson, P. T. J., K. B. Lunde, E. G. Ritchie, and A. E. Launer. 1999. The effect of trematode infection on amphibian limb development and survivorship. *Science* 284:802–4.
24. Kaufman, D. M. 1995. Diversity of new world mammals: Universality of the latitudinal gradients of species and Bauplans. *J. Mammal.* 76:322–34.
25. Kiesecker, J. M., and A. R. Blaustein. 1995. Synergism between UVB radiation and a pathogen magnifies amphibian embryo mortality in nature. *Proc. Nat. Acad. Sci.* 92:11049–52.
26. ——. 1999. Pathogen reverses competition between larval amphibians. *Ecology* 80:2442–49.
27. Kubow, T. M., and R. J. Full. 1999. The role of the mechanical system in control: A hypothesis of self-stabilization in hexapedal runners. *Phil. Trans. R. Soc. London B* 354:849–61.
28. McMahon, J. A., S. Takada, L. B. Zimmerman, C.-M. Fan, R. M. Harland, and A. P. McMahon. 1998. Noggin-mediated antagonism of BMP signalling is required for growth and patterning of the neural tube and somite. *Genes & Dev.* 12:1438–52.
29. Mariani, F. V., and R. M. Harland. 1998. XBF-2 is a transcriptional repressor that converts ectoderm into neural tissue. *Development* 125:5019–31.
30. Martinez, M. M., R. J. Full, and M. A. R. Koehl. 1998. Underwater punting by an intertidal crab: A novel gait revealed by the kinematics of pedestrian locomotion in air versus water. *J. Expt. Biol.* 201:2609–23.
31. Mayr, E. 1982. *The growth of biological thought: Diversity, evolution, and inheritance*. Cambridge, Mass.: Harvard Univ. Press, Belknap Press.
32. ——. 1988. *Toward a new philosophy of biology: Observations of an evolutionist*. Cambridge, Mass.: Harvard Univ. Press, Belknap Press.
33. ——. 1991. *One long argument: Charles Darwin and the genesis of modern evolutionary thought*. Cambridge, Mass.: Harvard Univ. Press.
34. Muybridge, E. 1957. *Animals in motion*. New York: Dover Publ. Reprint of E. Muybridge. 1887. *Animal locomotion*. Philadelphia: Univ. of Pennsylvania Press.
35. Nordenskiöld, E. 1928. *The history of biology: A survey*. New York: Tudor Publ.
36. Northcutt, R. G. 1993. A reassessment of Goodrich's model of cranial nerve phylogeny. *Acta Anat.* 148:71–80.

37. ——. 1995. The forebrain of gnathostomes: In search of a morphotype. *Brain Beh. Evol.* 46:275–319.
38. ——. 1996. The origin of craniates: Neural crest, neurogenic placodes, and homeobox genes. *Israel J. Zool.* 42:273–313.
39. Olsson, L., and B. K. Hall. 1999. Introduction to the symposium: Developmental and evolutionary perspectives on major transformations in body organization. *Amer. Zool.* 39:612–16.
40. Romer, A. S. 1960. *The vertebrate body*. Philadelphia: Saunders.
41. Sanderson, M. H., and L. Huffard, eds. 1996. *Homoplasy: The recurrence of similarity in evolution*. San Diego: Academic Press.
42. Sessions, S. K., R. A. Franssen, and V. L. Horner. 1999. Morphological clues from multilegged frogs: Are retinoids to blame? *Science* 284:800–802.
43. Sessions, S. K., and S. B. Ruth. 1990. Explanation for naturally occurring supernumerary limbs in amphibians. *J. Expt. Zool.* 254:38–47.
44. Spemann, O., and H. Mangold. 1924. Über Induktion von Embryonalanlagen durch Implantation artfremder Organisatoren. *Arch. Mikr. Anat. u. Entw. Mech.* 100:599–638.
45. Symstad, A. J., D. Tilman, J. Willson, and J. M. H. Knops. 1998. Species loss and ecosystem functioning: Effects of species identity and community composition. *Oikos* 81:389–97.
46. Tilman, D. 1999. The ecological consequences of changes in biodiversity: A search for general principles. *Ecol.* 80:1455–74.
47. Zimmerman, L. B, J. M. Jesus-Escobar, and R. M. Harland. 1996. The Spemann organizer signal *noggin* binds and inactivates bone morphogenetic protein 4. *Cell* 86:599–606.

第4章 生態系——エネルギー特性と生物地球化学

ライケンズ GENE E. LIKENS

万物は変わる。これは、過去半世紀間の卓越したパラダイムのひとつだ。ほんの少し考えただけで、旅客機、カラーテレビ、電子メール、気象衛星といった、過去五〇年間に起きた多くの技術的変化を思い浮かべることができる。私たちは日々の生活のなかでこういった新しいシステムをあてにしているだけでなく、このようなシステムがあることをますます当然だと思うようになってきている。だからこそ私たちは、コンピューターがダウンしてしまったり反応が遅くなったりするといらいらするのだ。技術的な変化よりもまちがいなくもっと重要なのは、地球上の人口が一九五〇年に比べて三五億人増え、当時の人口の二・四倍に相当する六〇億人を超えたという事実だ。人類という一種類の生物種の活動は、今や地球上のあちこちで支配的になり、炭素や硫黄、窒素などの元素の地球上の生化学的サイクルに変化を引き起こし、ほかの側面でも生態系の構造と機能に大きな変化をもたらしている〈33、54、59、60、61、111、131、134、139、140、142〉。

生態学的に重要な多くの変化は、人類が地球上で優勢を占めるがゆえに起きている。その変化がもたらす結果は、進化を考える時間軸で見ればほんの一瞬にすぎない一〇年、あるいは一年、ときには数カ月といった期間でも観察できる。がまん強い観察者や研究者は、生態系という「窓」を通して、それら重要な変化を明らかにし、生命が依存している地球規模の生態様式や循環などに与える影響を解明しようとしている。

分子レベルでゲノムの並はずれた複雑さを解明しようとする生物学者がいる一方で、生態系生態学者は数知れない無生物と生物の相互作用が起きている生態系や景観全体の機能を理解しようとしている。人類の活動は多くの場合、それが遠くで起きていようと近くであろうと、生態系の機能と変化に強力な影響を与える。人口増加の著しい人類は、現代の技術や消費のレベルとあいまって、前代未聞の規模で、地球上の生態系を支配している。

過去五〇年の間に、生態学的エネルギー論や生物地球化学からのアプローチを含め、生態系生態学の領域を明快に説明するような新しい考え方が生まれた。そのうちのいくつかはまったく新しいものだ。しかし私はまず最初に、科学において普遍的に言えることだが、アイデアにおいても概念においても原則においても、そして疑問においても、私たちはみな、過去の人びとの築いた土台のうえに立っているということを強調したい。新しいのは、長年にわたる難しい問題を平易にしたり新しいアプローチを与えたりしてくれる、技術的な道具や手段だけである、ということがよくある。

古いけれども新しい、長年にわたる生態系生態学者の問題意識のよい例が、一九三九年のレオポルド（Aldo Leopold）の著述に見られる。[56]

生態学的な考え方において、「自然のバランス」には長所と短所がある。長所は、それが集合的な全体を示し、なんらかの有用性があるのはすべての種のおかげだと見なし、バランスが崩れたときには動揺が起こると示唆している点にある。短所は、バランスが保たれる点はたった一点しかなく、そのバランス点が通常は動かないところだ。［自然のバランス――自然の絶えまない変化］

土地はたんに土壌を指すのではない。土地は、土壌と植物、動物の間の回路を流れているエネルギーの源泉だ。食物連鎖はエネルギーが上流に導かれていく生物のチャンネルだ。死んで腐食すれば、土壌に戻る。この回路は閉じていない。いくらかのエネルギーは腐食の間に放散し、いくらかは吸収され、加わる。いくらかのエネルギーは土壌や泥炭、森などに貯蔵される。この回路は持続しており、ゆっくりと回転しながら増える、生命の基金のようなものだ。［食物網の分析］

万物は変わる！

アメリカの環境は一九七〇年代以降かなり改善されたという、広く受け入れられている評価を導くような記述が多く見られる。[27] 確かに、煤塵が原因で起こる明らかな大気汚染や、河川や運河に未処理下水が流される事態も減ったし、道路のゴミも減った。しかし同時に、六〇年代や七〇年代初頭以来、新たに現われたり、悪化したりした環境問題もある（表4-1）。

私は生態系研究所（the Institute of Ecosystem Studies；IES）の同僚とともに、ニューヨーク州のハドソン川流域の生態系における環境が一九七〇年代以降、どのように変化したか評価しようと試みた。私たちは、

表4−1　生態系の構造や機能、変化に大きな影響を与えた主な環境問題（1950〜2000年）

深刻な大気汚染（例：1952年、ロンドン）

農薬使用の蔓延（例：DDT）〈20〉

有毒な化学物質による事故（例：メチル水銀中毒、1959年水俣。イソシアン酸メチル中毒、1984年インド・ボパール。ダイオキシン類など、1978年ニューヨーク州ラブ運河）

原油流出（例：1967年トリーキャニオン号）

酸性雨（1970年代から現在まで。例：1968年、オデン）〈70〉

フロン類によるオゾン層の破壊〈25、85、117〉

土地利用の変化（例：1970年代から現在まで、灌漑のための取水でアラル海が縮小）

熱帯雨林の破壊（1970〜80年代から現在まで）〈87、116〉

外来種の侵入（例：1980年代、ローレンティアングレート湖へのゼブラガイの侵入）

原発事故（例：1986年、旧ソ連チェルノブイリ）

資源の枯渇（例：1990年代、大西洋のタラ漁場の崩壊）

気候変動（例：1997、98年の深刻なエルニーニョ）

注：〈86〉を修正

目に見えるゴミの減少や未処理下水の流入の減少といった大きな改善点があると同時に、外来のゼブラガイ（zebra mussel：*Dreissena pdymorpha*）の侵入といった新しい、あるいは継続している、あるいは悪化している問題もある、と判断した〈130〉。私たちの明確な結論は、環境がもたらす影響は変わったが、すべてを考慮すれば、ハドソン川の全体的な環境は悪化した、というものだった。改善目標になった点は改善され、人びとの関心も高まり、環境を守って回復させようという多大な努力があったにもかかわらず……。環境問題を良い悪い、あるいは改善したか悪化したかと分類するのは難しい。しかし明らかに、万物は変わるのだ。

新しい素材や新しい技術が開発されるに

つれ、確実に新たな展望が生まれると同時に、新たな環境問題も生じるだろう。そのような未来において、どのような挑戦と問題に生態系生態学者が直面するのかを予測するのは難しい。ただ、もし過去五〇年間が道しるべになるのなら、大気汚染や土地利用の変化、地球気候変動などがもたらす影響といった難問は、生態系生態学者が今後何十年も挑戦しつづけなければならない課題だろう。

したがって今後二〇～三〇年は、私たちが今すでに直面している、複雑な環境問題を扱わなければならない。加えて新たな問題が起こり、解決策を探したり、生態系や景観への影響を調べるための新たな知識を発展させなければならなくなるだろう。私は、今後数十年の間は、技術的な「進歩」に関係した多くの環境問題に、生態系生態学者は取り組まなければならないと思う。たとえば集約農業にともなう家畜密度の過剰、無差別あるいは過剰な抗生物質の使用、または無秩序に都市化が広がるにつれて生じる交通の問題などだ。[6、80] 複雑な生態系を解明するために、とくに人間の与える影響を知るために、もし生態系生態学者が観測したり実験したりしなければ、いったいほかの誰がするのだろうか？

私は過去五〇年間の主な生態系生態学の業績を簡単に紹介し、次の五〇年間にどのような課題が生じるのかを明らかにしてみたい。もちろん、それは難しいことだが。主に、陸生生態系と淡水生態系、そして海岸の生態系について取り上げる。

生態学の誕生

生態系という概念

一九三五年、タンズリー（A. G. Tansley）が「生態系」という用語を導入し、自然のシステムあるいはその一部を構成する生物と無生物の相互作用を強調した。〈133〉しかし、生態系という概念やアプローチが広く受け入れられるようになったのは、五九年にE・P・オダムの教科書『*Fundamentals of Ecology*』の第二版が出版されてからだった。私はこの教科書が出たとき、大学院生だった。生態系という概念に私はとても興奮し、いろいろな意味で、米ニューハンプシャー州ホワイトマウンテン国有林におけるハバード・ブルック実験林の生態系研究を進展させるのに貢献した。当時はまだ生態系という概念はあまり明瞭ではなかったが、今や生態系という言葉はすっかり広まり、家庭でも使われるようになった。〈62〉

オダムが生態系の概念を広めるのに成功した理由はいくつかある。まずは彼の情熱、そして大規模な研究の量的な価値を示そうというはっきりした目的意識、生態系の概念を陸生にも水生にも適用した点、そして大規模レベルで複雑性を理解しようというアプローチ法などがあげられる。生態系という概念は、個体や個体群、群集のなかでの相互作用、そしてそれらと無生物的な環境の間の相互作用や、それらの関係が時間とともにどのように変化するのかを研究するうえで、包括的な枠組みを提供してくれる。〈60〉生態系という概念とアプローチの発達や、それらを利用して複雑な環境問題を理解し、解決しようという試みは、二〇世紀の主要な生物学の進展のひとつだろう。

私はさらに、生態学全体の究極の課題は、あらゆるレベル、アプローチ法、規模の調査で得られる生態学的な情報を統合し、政策決定者たちや生態系の管理者たちにとってわかりやすく、使いやすい形で示すことだと信じている[60]。この課題はとくに生態系生態学者にとっては明白だ。

残念ながら生態学はアイデアや概念、そしてとくにアプローチ法の違いで非常に細かく専門化しており、複雑な環境や資源の管理に関する問題について統合的で包括的な視点をもつのは難しい。しかし、それは絶対に必要だ！　さらに悪いことに今、より生物学的な側面に焦点を当てる個体群生態学者のような生態学者と、もっと物理化学的な環境に焦点を当てている生物地球化学者たちのような生態学者の間の分裂も起きている。還元主義的なアプローチが短期的には成功を収めていることが、よりいっそうの細分化を引き起こしている[60]。しかしもっと広い生態学の理解を進展させるためには、統合的な視点が鍵だ。今、全米科学財団（the National Science Foundation）の環境における生物学的複雑性に対するイニシアチブや全米生態観測所ネットワークのイニシアチブなど、大規模な問題に取り組もうという機運が盛り上がっているだけに、生態学者、とくに生態系生態学者は、細分化するより統合し、もっと広く協力しあい、社会的、経済的そして文化的な側面も考慮した包括的なアプローチを取ることが求められている[23]。このような包括的な統合は、生態系科学のもっとも重要な目標だろう。

生態系へのアプローチ法

過去五〇年間の主要な研究テーマや概念をすべてリストアップする仕事はほかの人がすでにしているので、

表4−2　生態系の概念や研究テーマの主要な進展（20世紀）

生態系という概念[1]
生態系アプローチ
　概念の適用と利用
　　生態系全体の取り扱い（実験）[2]
　　　ハバード・ブルック実験林
　　　コウィータ水文学研究所
　　　実験湖地域
　　長期的（持続的）生態学研究[3]
　　　過去から受けついだもの、長い反応時間
　　　監視
　　システム／生態系のモデルづくり[4]
　生態系生態学に貢献した研究テーマ
　　景観から地球規模までの生態系
　　　大気—土地—水のシステムにおける流動性の関連づけ[5]
　　変動と回復[6]
　　生態系機能に対するトップダウン／ボトムダウンの制御[7]
　　種と生態系[8]
　　　外来種の侵入、保全、古生態学のモデルによる過去の限りない変数
　　生態系の構成員としての人類[9]

包含的なテーマ
　エネルギー特性（エネルギーの流れと生態系にとってのエネルギー収支）
　　エネルギー収支[10]
　　栄養にまつわる構造、食物連鎖、食物網[11]
　　生態学的化学量論[12]
　生物地球化学（生態系にとっての化学物質の流れやサイクル）[13]
　　生物地球化学にとっての「バイオ」[14]
　　　放射性同位元素と安定した同位元素[15]
　　小分水界のアプローチ[16]
　　　量のバランス
　　栄養素負荷モデル（富栄養化）[17]

注1：〈31〉〈92〉〈133〉
2：〈17〉〈40〉〈58〉〈71〉〈118〉〈132〉
3：〈64〉
4：〈10〉〈55〉〈93〉〈97〉〈135〉〈145〉
5：〈39〉〈66〉
6：〈3〉〈9〉〈94〉〈108〉
7：〈18〉〈45〉〈124〉
8：〈49〉
9：〈77〉〈127〉〈134〉
10：〈37〉〈53〉〈95〉
11：〈30〉〈74〉〈96〉〈125〉
12：〈28〉〈29〉〈113〉〈115〉〈128〉
13：〈12〉〈46〉〈47〉〈136〉〈137〉
14：〈113〉
15：〈121〉
16：〈8〉
17：〈119〉〈126〉〈143〉〈141〉

ここではしない。[36、38、78、106] 私は過去一〇〇年間の業績の幅広さと豊かさを示すために、ハイライトをいくつか集めてみた（表4－2）。また、生態系に関する論文について、ISI社が出している、よく引用される文献を集めた「*Current Contents*」の生態学版のようなものを作成しようと試みたが、情報が入手しづらかったので、ほかの研究者たちが作成したさまざまな推薦図書のリストを編集し、過去数十年の生態系研究における主要な貢献がわかるように並べてみた（表4－3）。

生態系に対するアプローチ法の発展初期の特徴は、大きなシステムを研究するために「ブラックボックス」的アプローチをとった点だろう。このアプローチ法は森林や湖といった大規模で複雑な生態系に適用すると、とても刺激的で強大な力を発揮した。エネルギーや化学物質の出入り、そして収支は、微小生態系の単位、あるいは湖全体、水源、原野、分水界といった景観の単位ごとに決めることができた。しかし、その作業が難しかったため、一度に扱うパラメーターや要素はひとつ、ということが多かった。ブラックボックス的アプローチは、重要な問題や生態系にとって決定的なメカニズムを正確に指摘するのを助けてくれた。同時に、なぜそのメカニズムが重要なのかについて考えるための視点も提供してくれた。たとえば近接した生態系への影響や地球規模のサイクルなどがいい例だ。したがって、このアプローチにとって「境界」は主要な要素であり、量的なバランスを決定するうえでの鍵となる。[60、67]

今後数十年間の生態系研究の基礎を築いたのは、次のような過去の研究だろう。たとえばエネルギー特性や栄養に関する構造、個体数と単位面積あたりの生物の量、エネルギーといった要素で構成される生態系のピラミッド構造、異なる栄養レベル間のエネルギーの流れの効率などに関する研究だ。[30、53、74、92、96] H・T・オダム

表4－3　生態系や生態学的エネルギー論、生物地球化学に関する「推薦図書リスト」に載っている論文（2000年以前のもの）

1935–50	Tansley, A. G. 1935. The use and abuse of vegetational concepts and terms. Ecology 16:284–307. (II)	Juday, C. 1940. The annual energy budget of an inland lake. Ecology 21:438–50. (I)	Leopold, A. 1941. Lakes in relation to terrestrial life patterns. In A symposium on hydrobiology. Madison: Univ. of Wisconsin Press. Pp. 17–22. (I)	Lindeman, R. L. 1942. The trophic-dynamic aspect of ecology. Ecology 23:399–418. (I, II, V)	Clarke, G. L. 1946. Dynamics of production in a marine area. Ecol. Monogr. 16:321–35. (I)
	Pearson, O. P. 1948. Metabolism and bioenergetics. Scientific Monthly 56:131–34. (V)	Hutchinson, G. E., and V. T. Bowen. 1950. Limnological studies in Connecticut, 9. A quantitative radio-chemical study of the phosphorus cycle in Linsley Pond. Ecology 31:194–203. (VIII)			
1951–60	Hayes, F. R., et al. 1952. On the kinetics of phosphorus exchange in lakes. J. Ecol. 40:202–16. (VIII)	Evans, F. C. 1956. Ecosystem as the basic unit in ecology. Science 123:1127–28. (I)	Odum, H. T. 1956. Primary production in flowing waters. Limnol. Oceanog. 1:102–17. (V)	Rigler, F. H. 1956. A tracer study of the phosphorus cycle in lake water. Ecology 37:550–62. (VIII)	Odum, H. T. 1957. Trophic structure and productivity of Silver Springs, Florida. Ecol. Monogr. 27:55–112. (I)
	Redfield, A. C. 1958. The biological control of chemical factors in the environment. Amer. Sci. 46:205–21. (I)	Pomeroy, L. R., and F. M. Bush. 1959. Regeneration of phosphate by marine animals. Intern. Oceanog. Congr. Preprints, 893–94. (VIII)	Ryther, J. H. 1959. Potential productivity of the sea. Science 130:602–8. (V)	Odum, H. T. 1960. Ecological potential and analogue circuits for the ecosystem. Amer. Sci. 48:1–8. (VIII)	Pomeroy, L. R. 1960. Residence time of dissolved phosphate in natural waters. Science 131:1731–32. (VIII)

1961–70	Engelmann, M. D. 1961. The role of soil arthropods in the energetics of an old field community. Ecol. Monog. 31:221–38. (V)	Odum, E. P. 1962. Relationships between structure and function in ecosystems. Japanese J. Ecol. 12:108–18. (I)	Teal, J. M. 1962. Energy flow in the salt marsh ecosystem of Georgia. Ecology 43:614–24. (II)	Margalef, R. 1963. On certain unifying principles in ecology. Amer. Nat. 97:357–74. (I, IV)	Olson, J. S. 1963. Energy storage and the balance of producers and decomposers in ecological systems. Ecology 44:322–31. (IV)
	Olson, J. S. 1963. Analog computer models for movement of nuclides through ecosystems Radioecology, 121–25. (VIII)	Johannes, R. E. 1964. Phosphorus excretion and body size in marine animals: Microzooplankton and nutrient regeneration. Science 150:28–35. (VIII)	Beeton, A. M. 1965. Eutrophication of the St. Lawrence Great Lakes. Limnol. Oceanog. 10:240–54. (VII)	Brooks, J. L., and S. I. Dodson. 1965. Predation, body size, and composition of plankton. Science 150:28–35. (II)	Gates, D. M. 1965. Energy, plants, and ecology. Ecology 46:1–13. (IV)
	Baker, H. G. 1966. Reasoning about adaptations in ecosystems. BioScience 16:35–37. (IV)	Cole, L. C. 1966. Man's ecosystem. BioScience 16:243–48. (VII)	Engelmann, M. D. 1966. Energetics, terrestrial field studies, and animal productivity. Adv. Ecol. Res. 3:73–115. (IV)	Paine, R. T. 1966. Food web complexity and species diversity. Amer. Nat. 100:65–75. (II, IV)	Sawyer, C. N. 1966. Basic concepts of eutrophication. J. Water Pollution Control Fdn. 38:737–44. (VII)
	Bormann, F. H., and G. E. Likens. 1967. Nutrient cycling. Science 155:424–29. (VII)	Patten, B. C., and M. Witkamp. 1967. Systems analysis of ^{134}cesium kinetics in terrestrial microcosms. Ecology 48:813–24. (VIII)	Riley, G. A. 1967. Mathematical model of nutrient conditions in coastal waters. Bull. Bingham Oceanog. Coll. 19:72–80. (VIII)	Davis, M. B. 1969. Climatic changes in southern Connecticut recorded by pollen deposition at Rogers Lake. Ecology 50:409–22. (II)	Odum, E. P. 1969. The strategy of ecosystem development. Science 164:262–70. (II, VII)
	Schultz, A. M. 1969. A study of an ecosystem: The Arctic Tundra. In The ecosystem concept in natural resource management, ed. by G. Van Dyne. New York: Academic Press. Pp. 77–93. (VIII)	Likens, G. E., et al. 1970. Effects of forest cutting and herbicide treatment on nutrient budgets in the Hubbard Brook watershed-ecosystem. Ecol. Monog. 40:23–47. (II, VIII)			

1971–80	Walsh, J. J., and R. C. Dugdale. 1971. A simulation model of the nitrogen flow in the Peruvian upwelling system. Investigacion Pesquera 35:309–30. (VIII)	Caperon, J., and J. Meyer. 1972. Nitrogen-limited growth of marine phytoplankton: 1. Changes in population characteristics with steady-state growth rate. Deep-Sea Res. 19:601–18. (VIII)	Johannes, R. E., et al. 1972. The metabolism of some coral reef communities: A team study of nutrient and energy flux at Eniwetok. BioScience 22:541–43. (VIII)	Johnson, P. L., and W. T. Swank. 1973. Studies of cation budgets in the southern Appalachians on four experimental watersheds with contrasting vegetation. Ecology 54:70–80. (VIII)	Jordan, C. F., and J. R. Kline. 1972. Mineral cycling: Some basic concepts and their application in a tropical rain forest. Ann. Rev. Ecol. System. 3:33–50. (VIII)
	Bormann, F. H. 1976. An inseparable linkage: Conservation of natural ecosystems and the conservation of fossil energy. BioScience 26:754–60. (VI)	Bormann, F. H., and G. E. Likens. 1977. The fresh air–clean water exchange. Nat. Hist. 86:63–71. (VI)	Campbell, R. 1977. The interaction of two great rivers helps sustain the Earth's vital biosphere. Smithsonian, Sept. 1977. (VI)	Mortimer, C. H. 1978. Props and actors on a massive stage. Nat. Hist. 87:51–58. (VI)	
1981–90	Romme, W. H., and D. H. Knight. 1982. Landscape diversity: The concept applied to Yellowstone Park. BioScience 32:664–70. (III)	Allen, T. F. H., et al. 1984. Interlevel relations in ecological research and management: Some working principles from hierarchy theory. USDA Forest Service General Technical Report RM-110, July 1984. (III)	Carpenter, S. R., et al. 1985. Cascading trophic interactions and lake productivity. BioScience 35:634–39. (III)	Pastor, J., et al. 1988. Moose, microbes, and the boreal forest. BioScience 38:770–77. (III)	Wiens, J. A. 1989. Spatial scaling in ecology. Functional Ecol. 3:385–97. (III)
	Vitousek, P. M. 1990. Biological invasions and ecosystem processes: Towards an integration of population biology and ecosystem studies. Oikos 57:7–13. (IX)				

1991–2000	Daily, G. C., and P. R. Ehrlich. 1992. Population, sustainability, and Earth's carrying capacity. BioScience 42:761–71. (IX)	Holling, C. S. 1992. Cross-scale morphology, geometry, and dynamics of ecosystems. Ecol. Monog. 62:447–502. (IX)	Odum, E. P. 1992. Great ideas in ecology for the 1990s. BioScience 42:542–45. (IX)	Costanza, R., L. Wainger, C. Folke, and K.-G. Maler. 1993. Modeling complex ecological economic systems: Toward an evolutionary, dynamic understanding of people and nature. BioScience 43:545–55. (IX)	Jones, C. G., et al. 1994. Organisms as ecosystem engineers. Oikos 69:373–86. (IX)
	Schneider, E. D., and J. J. Kay. 1994. Life as a manifestation of the second law of thermodynamics. Math and Computer Modeling 19:25–48. (III)	Hunsaker, C. T., and D. A. Levine. 1995. Hierarchical approaches to the study of water quality in rivers. BioScience 45:193–203. (III)	Pickett, S. T. A., and M. L. Cadenasso. 1995. Landscape ecology: Spatial heterogeneity in ecological systems. Science 269:331–34. (III)	Risser, P. G. 1995. Biodiversity and ecosystem function. Conservation Biology 9:742–46. (IX)	Holling, C. S., and G. K. Meffe. 1996. Command and control and the pathology of natural resource management. Conservation Biol. 10:328–37. (III)
	Vitousek, P. M., et al. 1997. Human domination of Earth's ecosystems. Science 277:494–99. (III)	Peterson, G., et al. 1998. Ecological resilience, biodiversity and scale. Ecosystems 1:6–18. (III)			

注：ローマ数字は論文を「推薦図書リスト」に載せている本を表わす。 I: Kormondy, E. J. 1965. *Readings in ecology*. Englewood Cliffs, N.J.: Prentice-Hall. II: Real, L. A., and J. H. Brown, eds. 1991. *Foundations of ecology: Classic papers with commentaries*. Chicago: University of Chicago Press. III: Dodson, S. I., et al., eds. 1999. *Readings in ecology*. New York: Oxford University Press. IV: Boughey, A. S., ed. 1969. *Contemporary readings in ecology*. Belmont, Calif.: Dickenson. V: Hazen, W. E., ed. 1964. *Readings in population and community ecology*. Philadelphia: W. B. Saunders. VI: Crane, J., et al., eds. 1979. *Readings in ENVIRONMENT 79/80*. Guilford, Conn.: Dushkin. VII: Boughey, A. S., ed. 1973. *Readings in man, the environment, and human ecology*. New York: Macmillan.VIII: Pomeroy, L. R., ed. 1974. *Cycles of essential elements (Benchmark papers in ecology)*. Stroudsburg, Pa.: Dowden, Hutchinson, and Ross. IX: Samson, F. B., and F. L. Knopf, eds. 1996. *Ecosystem management: Selected readings*. New York: Springer-Verlag.

（H. T. Odum）のよく知られた米フロリダ州シルバースプリングにおけるエネルギーの分析は、初期のころの一例だ〈96〉。初期の研究のいくつかは、ほかの栄養作用のレベルに比べれば、生態系のなかで微生物の果たす役割が、周囲の生物よりはるかに大きく決定的であるという事実を明らかにした。同様に、初期の研究は生物学と生物地球化学の関係を明らかにしたし、分水界の生態系における富栄養化の問題に取り組む基礎も提供した〈113、143〉。

ブラックボックス的なアプローチは、いくつかの重要な問題に解答を提供してくれた。加えて、私たちがハバード・ブルック実験林で一九六五年に始めたような広範囲を対象にした研究は、ある生態系全体を実験的に操作する研究を含めて、予想もしなかったような結果や、少なくとも小規模な研究では容易にはわからない結果をもたらした。たとえば、私たちが分水界の生態系全体で行なった実験では、森林の皆伐が、一帯の水系中の硝酸塩とカルシウムの大きな減少をもたらした〈71〉。このような結果は、たとえば生態系において硝酸化がどのような役割を果たしているのかなど、ブラックボックスのなかはどんな過程になっているのだろうかという疑問を際立たせた〈9、69〉。一般論として生態系によるアプローチは、傷ついた森林生態系における硝化作用など、ブラックボックス内の鍵となる過程に関する研究に焦点を当て、明確化するのに非常に効果的かつ効率的だ。

シンドラー（David Schindler）のグループは、オンタリオのある湖の生態系全体を実験的に酸性化する研究の初期に起きた食物網の破壊は、複数の刺激と多様な変化に対して生態系のさまざまな要素が多数の複雑な相互作用を起こしたためにもたらされたことを示した。そして、実験室や微小生態系における研究では、

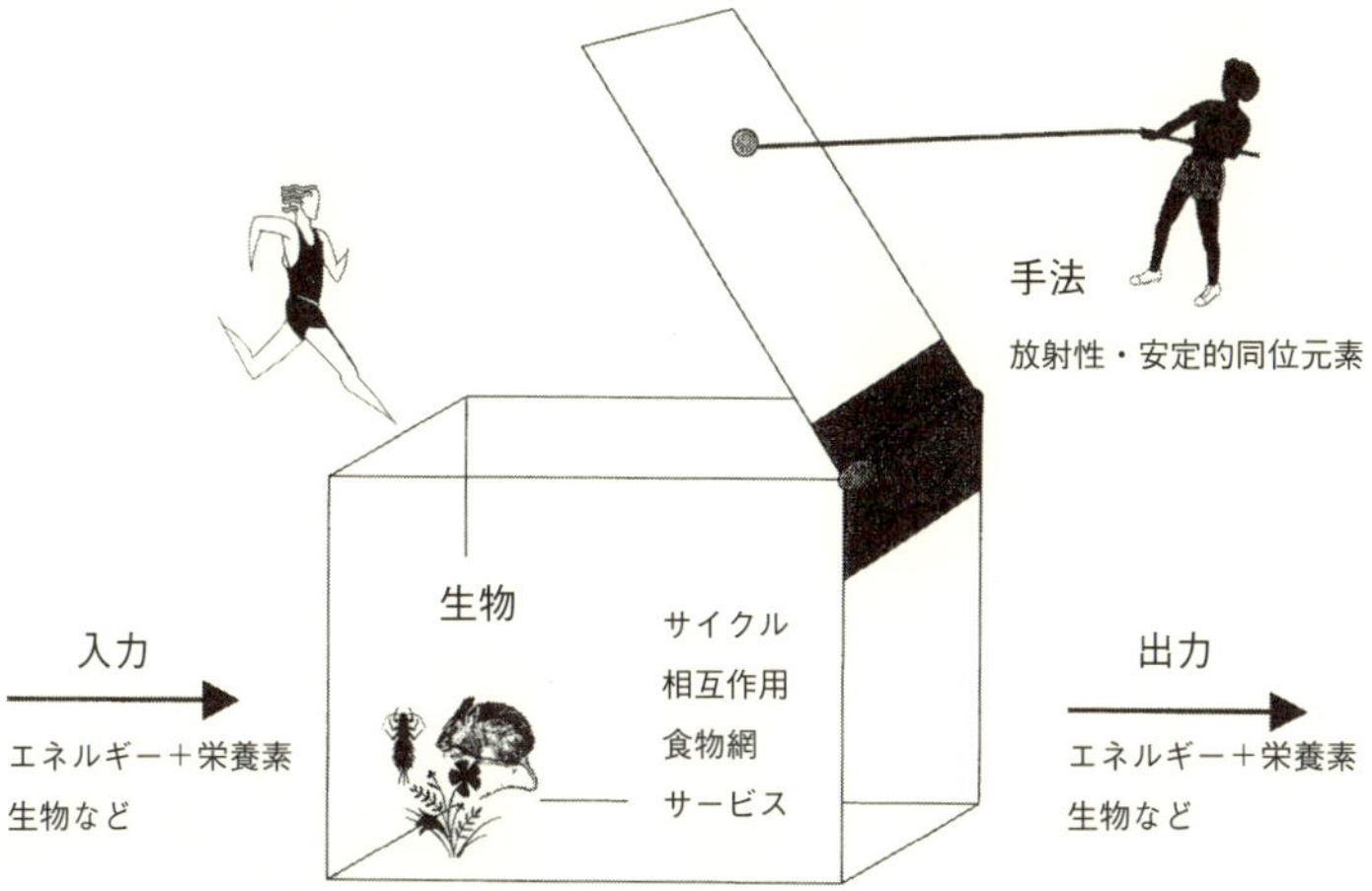

図4―1　生態系科学のブラックボックスを開ける

そのような結果は予測できないだろうことを明らかにした。[120]

時間の経過とともに、このブラックボックスのふたは以前より広く開いてきた。それは大規模な実験や、放射性同位元素あるいは安定的な同位元素といった洗練された手段を使い、複数の要素と刺激の関係や相互作用を解明できるようになったおかげだ（図4―1）。そして次は、ふたが開いてわかってきた内部の要素や相互作用について、生態系や景観の基盤と関連づけて探索されるようになった。生物学的な関係が生化学的な研究により詳細に探究され、食物網がきちんと識別、解明された（表4―2、表4―3）。

あとから考えてみると驚くべきことだが、種の役割を生態系分析のなかで改めて言明する必要があり、人類もブラックボックスのなかに入れる必要が生じた。[49]しばしば「要石」と言及される個々の種は明らかに、生態系の機能と構造において重要な役割を果たしうる。[112]

狭い視野で木や緑の膜だけを考慮して生態系分析を行なっていたのでは、もっと大きな理解につながる重要な鍵を見つけ損ねてしまう。たとえばタボヌコ・ツリー（tabonuco tree；*Dacryodes excelsa Vahl*）は、種内で、根を接ぎ木のように接ぎながら地下の岩や石に根をはっていく。その独特な習性により、プエルトリコの熱帯雨林において、斜面の安定維持を助け、急な斜面が崩れるのを防いでいる〈5〉。イスラエルのネゲブ砂漠にいる三種類のカタツムリ（*Euchondrus albulus Mousson, E. desertorum Roch, E. ramonensis Granot*）は岩の表層の内部で育つ苔蘚を食べることで、風化と窒素のサイクルを大きく促進している〈52、123〉。

しかし大切なのは生物の種だけではない。イオンや化合物、生物個体、群集など、数え上げればきりがないほど多数の要素から生態系は構成されている。そしてすべてが相互作用しあい、加工しあい、集まり、分離し、生活し、死滅し、そして信じられないほど複雑な変化を起こしているのだ。生物的生産力や分解、そして栄養素のサイクルのように計測が可能な、新たに現われてきた重要な特性もある。それらは、大規模で構造的に多様な生態系についても、統合的な視点を提供してくれる。

公害のように人類が直接、生態系に与える影響については、かなり古くから知られており、研究されてきた。しかし生態系の構成要素として人類の役割が研究されるようになってきたのは最近のことだ〈77、127〉。人類は、生態系の構造や機能、発展に対して、直接的な影響と、とらえにくい微妙な影響の両方を与えている。しかしいずれにしても人間の活動の影響は、地球上のあらゆる生態系で観察できる。したがって保全や再生を考えるとき、生態系のなかにおける人類の存在を考慮しなければ現実的な対応策は立てられない〈77、107〉。

過去の研究のなかで重大な貢献は、大規模なシステムに関する情報の統合が始まったことだった。大気分

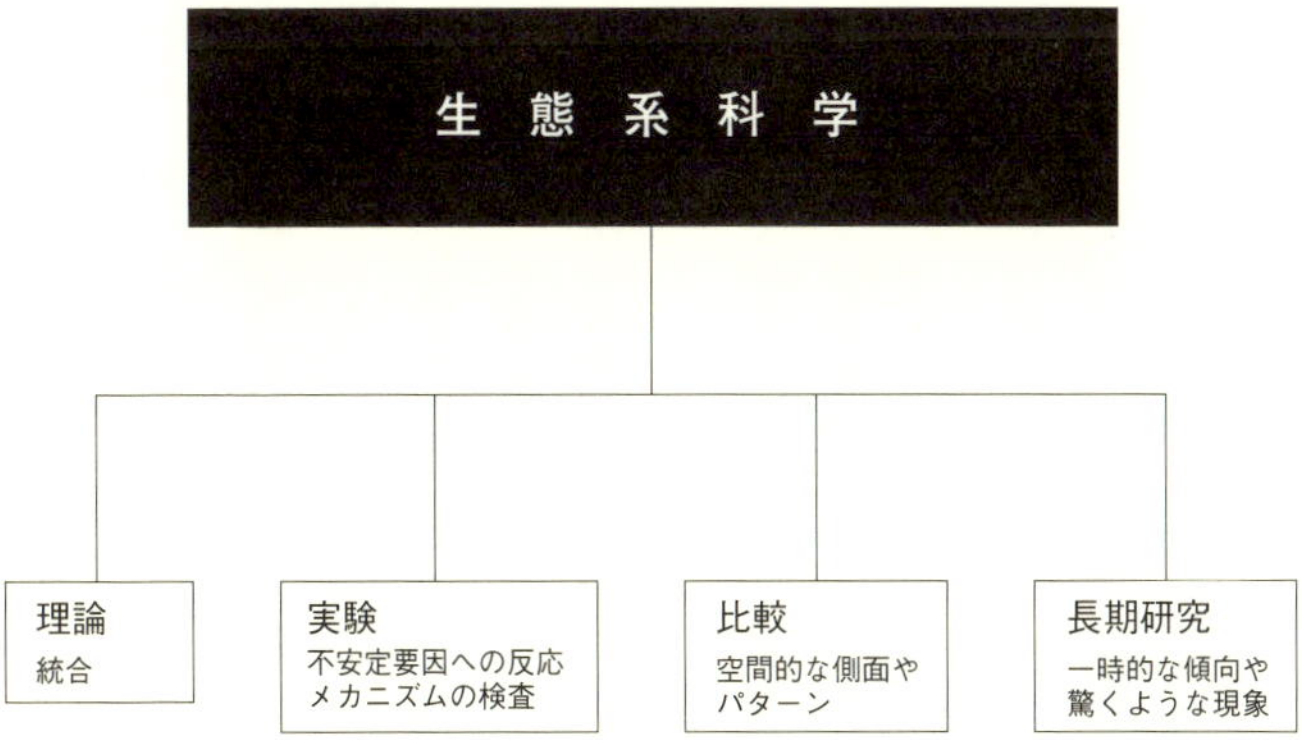

図4―2　生態系科学は理論、実験、比較そして長期研究に支えられている（〈15〉より改変）

水界は大気分水界同士、お互いに相互作用を与えあう。分水界も分水界同士、お互いに相互作用しあう。同時に、大気分水界と分水界は相互作用する……といった具合だ。それぞれ個別の入力と出力もまた、もっと広範囲で地球規模のサイクルと関連している重要な要素だ[8、72]。大規模な相互作用についてはまだよく計測できていない。

生態系アプローチ初期の特徴は、システムを考え、モデル化することにあった[78、93、135]。「生態環境の流れの連鎖（Coupled Ecological Flow Chains）」と表わせるように、生物や栄養素、エネルギーなどの流れの相互関係は、生態系の機能を分析するうえで、新しい刺激的なアプローチ法を与えてくれる[122]。生物の役割を、「生態系におけるエンジニア」と見なして分析する手法は、ブラックボックスのなかの複雑性や、生態系とブラックボックスの出入力の関係について取り組むための、もうひとつの重要なアプローチ法だ[50]。カーペンター（Stephen Carpenter）は生態系の科学を、理論、実験、比較、そして長期研究という四本脚に支えられたテーブルにたとえている（図4―2）[15]。

生態系生態学の現在と未来

表4―4に現在、そして未来における生態系生態学の主要な論点と課題をあげてみた。このリストは、重要な課題や複雑な問題に取り組むための新しい手法、そして二一世紀初頭の資源管理や教育の論点を確認しようと試みたものだ。そのうちの二、三点について少し説明する。

大気―陸上―淡水域―海洋の生態系の間の関係と複雑性を評価し、景観レベルから地球規模にいたるまでの環境問題を解決するために統合的な管理方法を導く

生態系の分析において複雑な相互関係の例をあげようとすれば枚挙にいとまがない。私はここで、二つの例を紹介する。ひとつは、生態地球化学的なサイクルが硫黄と窒素のサイクルに人為的な変化をもたらし、酸性雨を降らせるという例だ。もうひとつは、米国の北東地域の森林の複数の要素がからみあって人にライム病を引き起こすという例だ。

化石燃料の燃焼により、大量の硫黄酸化物と窒素酸化物が大気に排出される。これらは雨や雪、みぞれ、

表4−4　生態系生態学が直面する主な課題

主な課題

- 複雑性についてよりよく理解する
  - 分子レベルから景観レベルまでのアプローチを組み合わせる
  - 長期間にわたる過程や出来事が評価できるようなアプローチをする
  - 生物学と化学、物理学、社会経済学、そして文化的なアプローチを組み合わせる
  - 都市化を生態系の観点で理解し、管理する
- 大気−陸上−淡水域−海洋の生態系の間の相互作用を評価し、統合的な管理方法を導く
- 景観から地球規模まで広範囲にわたる相互作用や関係を評価する
  - 生物地球化学的なサイクルを加速させたり、減らしたりする
- 長期間にわたるデータを維持し、強化する
- 発展途上地域における生態系の機能や変化についてよりよく理解する
- 大プロジェクトを遂行する（チームのメンバーを訓練し、チーム構築を促進する。多分野にわたるアプローチを行なう）

新しい手法の利用

- 安定的同位元素、地理的な情報システム、遠隔探査、インターネット、分子レベルのアプローチ、モデル形成、コンピューターの活用、広範囲・長期間のデータ収集、水中観測など

保全／再生／生態系のサービス

- 十分な量と質の水を維持する
  - 内水の塩化
  - 有毒海草の繁殖、病原体
  - 大規模ダムの影響
  - 効果的な利用、質の保護
- 土地の断片化と耕作可能な土地の喪失の影響を最小限にとどめる（土地利用の変化の管理）
- 外来種の侵入が生態系に与える影響を管理する
- 生態の保護地域を確立、維持する
- すべての社会階層における生態学リテラシーを高める

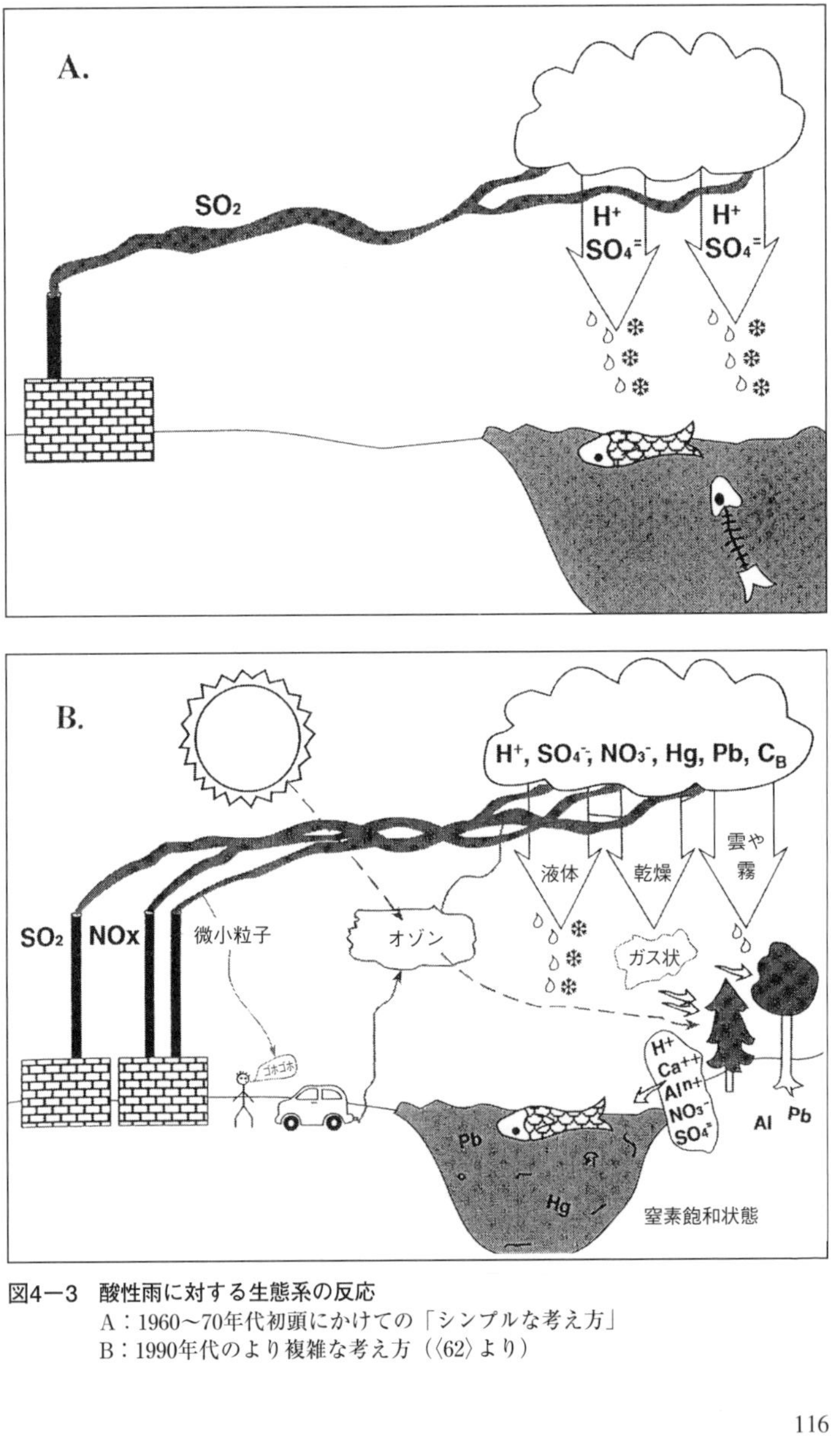

図4—3　酸性雨に対する生態系の反応
A：1960～70年代初頭にかけての「シンプルな考え方」
B：1990年代のより複雑な考え方（〈62〉より）

ひょう、雲、霧などのなかに、液体の強い酸として混じったり、酸化ガスや微粒子として混じり、地表に戻ってくる。こういった「入力」は、水系生態系や陸上生態系を酸性化する。

一九六〇年代後半から七〇年代前半にかけ、この問題が初めて指摘されたころは、大気中に析出した硫酸が湖や川などを酸性化し、魚を殺していると考えられていた[65、70、91]（図4-3A）。現在では、硫黄と窒素のサイクルを乱す人間の活動と酸性雨の関係は、もっと複雑であることが明らかになっている（図4-3B）。とくにアルミニウムや水銀、鉛、リン、カルシウム、マグネシウム、そして炭素のサイクルの変化は、毒性をもった金属の放出や河口の富栄養化など、いろいろな生態系の変化を加速している[62]。

生態系研究所（IES）の科学者たちによる最近の、オークの木とシカ、ネズミ、ダニ、ライム病、マイマイガ、そして人間の間の複雑な相互関係についての研究は、生態系の複雑な側面を解きほぐしたすばらしい例であると同時に、チーム研究の成功例でもある。チームは生態学のなかの異なる分野の専門家たちにより構成され、この生態系の複雑な問題に対して、各メンバーが自分の専門性を発揮した。

米国北東部の森林では、ホワイトオークの木（*Quercus* spp.）のドングリが、オジロジカ（*Odocoileus virginianus*）をひきつける。ドングリがたくさんできる豊作年は、三、四年に一度やってくる。オジロジカに付いていた成体のマダニの一種（*Ixodes scapularis*）は、森林でシカから落ちると、そこで卵を産む。ドングリはシロアシマウス（*Peromyscus leucopus*）をはじめ、ネズミたちもひきつける。ネズミは食物供給が増加するのに対応して、どんどん繁殖する。翌年の夏、ダニの卵から幼虫がかえり、ネズミの血液を餌として吸う過程でネズミから、人間にライム病を起こすスピロヘータ細菌の一種（*Borrelia burgdorferi*）に感

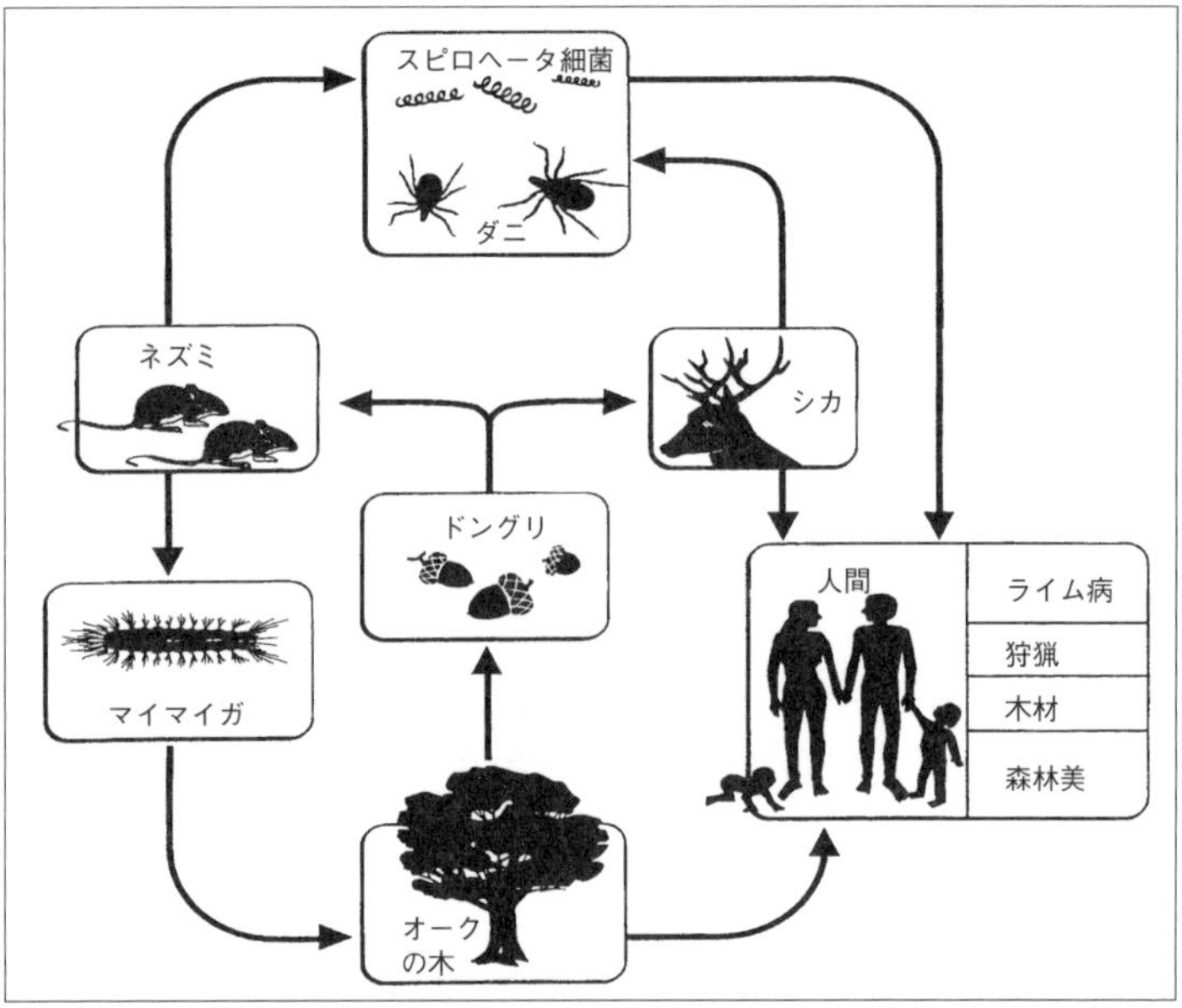

図4—4　米国の北東部の森におけるオークの木とシカ、ネズミ、ダニ、マイマイガ、そして人間のつながり（〈51、104、105〉より）

染する。ダニの幼虫は一年ほどで若虫に変態し、人間やほかの哺乳類動物の血液を吸うさいに、スピロヘータを感染させる。一般的に、オーク森林におけるライム病発症の危険性とドングリがたくさんなる年の間には、二年の時間差をおいて相関関係がある〈51、102、103、104〉。

一方、繁殖したネズミはマイマイガ（*Lymantria dispar*）のサナギを捕食することにより、ガの大量発生を防いでいる。もしガが大量発生すれば、オークの葉はなくなり、木も枯れてしまう。そして結果としてドングリも実らなくなり、潜在的にはライム病のリスクにも影響を与えるだろう（図4−4）。

私たちは生態系の構造や機能、そして将来の変化という複雑な問題に取り組むにあたり、多くの要素から影響を受ける。ここで私は簡単に、三つの要素について議論したい。新しい手法とチーム構築、そして長期間のデータの維持と利用だ。この三つは、生態系生態学の多様で複雑な問題を解決するために欠かせない要素だ。

新しい手法と統合　人工衛星による遠隔探査のような新しい技術を使うことで、大気のパラメーターとなる成分や、湖や氷河の大きさといった地表の特質の変化、地表の広範囲にわたる生物量とそこに含まれる栄養素などを計量し、特徴を記述できるようになりつつある。〈1、81、82、83、147〉こういったデータは、新しい大規模な問題を投げかけ、それに取り組むための枠組みを明確にするうえで役に立つ。

新しい大規模な問題として、たとえば次のようなものがあげられる。

①広範囲にわたる大気汚染の結果生じた大気の化学的な変化と関連する、植生の化学的特徴の変化は存在するのだろうか？

②ある地域における、さまざまな土地利用がモザイク状になった景観のなかで、大規模な都市化とその郊外のスプロール現象の「生態学的足跡」はどのようなものだろうか？（「生態学的足跡」の意味については〈114〉参照）

壮大なチャレンジは、生物学や化学、物理学、社会経済学、そして文化的な知識を統合し、生態系のなかの景観から分水界といった広い範囲で使えるような統合的な管理方法を編みだすことだ。一般的に広い地域は複雑でモザイク状の構造になっており、そこにおける人間の活動、あるいは攪乱は、しばしば不調和な時

表4―5　生態系科学におけるチーム構築に成功するために必要な研究者の特性

聡明さ
他人を信頼し、かつ信頼される能力
豊かな良識
独創性とそれをチームのメンバーと分かちあう意思
適切な訓練を受けている
不足している点を補う総合的な能力
経験の共有
チームのために時間を使う意思
人柄
人の話をよく聞く
ほかの人と一緒に働くことに喜びを感じる
好奇心旺盛で関心が広い
新しいアイデアやアプローチに心を開いている
目を見開いている（偶然の発見が主導権を握っている）
お互いに好意をもちあう

注：〈62〉より改変

間・空間のスケールで起きている[16]。したがって、いろいろな専門分野の間の交差点において大規模な知識の統合が必要だろうし、人間の活動から離れた生態系の構造や機能、変化についての知識と組み合わせることも必要だろう[34、43]。

残念ながら大規模な生態系の構造や機能、変化について正確な解答はない。というのは、私たちの今もっている手法では、まだその複雑性に太刀打ちできないからだ。したがって私たちは、多様な情報を統合する新たな試みと、もっと大規模で、質の高いデータが必要だ。

チーム構築　私たちが大規模な問題にアプローチするうえで決定的に重要な課題（もし制約にならないとしたら）は、

機能的で有能な、複数の分野の専門家が参加するチームをつくることだろう。〈60、62〉私はハバード・ブルック実験林における生態系研究の長い経験から、有能で効率的で、仲間同士が平等な権限をもつチームを形成し、育てていくことは、終わることのない課題であると身にしみてわかった。残念ながら通常は、この重要な課題についてフォーマルな計画が立てられることはほとんどない。私たちが今までよりもっと大規模で、もっと複数の分野にまたがったチームをつくる機会が増えるのに比例して、この課題の重要性は増してくるだろう。私は以前、チーム構築に成功するために必要不可欠な要素をあげ、生態系分析のチームを強化するためのいくつかの方策を提案したことがある（表4–5）。〈62〉たとえば次のような方策だ。

1　チームリーダーの訓練
2　経験を積んだメンバーによる指導
3　チームや個人への期待について対面で話しあう
4　個人とチームの両方について、効果的で効率的な時間の管理法を発展させる
5　責任と優先事項、公開性そして信頼について議論し、どこまで期待されているかを明確にする
6　将来、出版される可能性がある論文などのタイトルをリスト化し、筆者の名前を掲載する順序も決めておく（これは毎年初めに行なうといい）
7　セレンディピティ（偶然の発見）を成功に結びつけるために欠かせない要素である良識を磨き、その価値を理解する
8　チームの機能と義務の遂行を促進する、才能ある行政官による支援

予測できる未来においては、高度な技術による研究と大きなチームによる努力に加え、博物学的な観察と調査者が主体的に始める研究が、欠かせない要素でありつづけるだろう。そういったアプローチを組み合わせることにより、生態系の複雑性に取り組む強力な手法が生まれる。調査者が主体的に始める研究は日常的に、新しいアイデアや情報を提供してくれる。対照的に、そういった核心がないまま資金的支援を受けている大規模な研究は、潜在的に問題に直面することになるだろう。

長期間のデータ　長期間にわたるデータと継続した研究に価値があるという事実は、表4―1から表4―4にあげたすべてのテーマ、すべてのレベルに当てはまる。過去五〇年間、長期間のデータの収集が必ずしもつねに評価されてきたわけではない。とくに、資金的援助がつねにあったわけではない。今は長期間のデータの必要性を認識させる戦いに勝利したように見えるが、何をどのように計測し、誰がそれを行ない、そしてデータをどのように蓄積、評価すべきかといった重要な問題がまだ残っている。最近は、それらのデータのチーム内外における知的財産権の所在も大きな関心事となっている。これらの問題を解決する必要があるし、継続的できちんとした理解に基づく全国規模のモニターを始めるためのリーダーシップも必要だ。

思慮に欠けるデータ収集は限られた価値しか生みださない。どの問題について大規模で長期的な監視・観察を行なうべきか、生態学者はこれまで、ほとんど系統立てて計画しようとしたことがなかった。そういった方法で重要な問題を識別し、長期監視を管理するのが難しいのは確かだが、そうすることによりこれまでよりももっと費用面で効率的になれるだろう。

長期間のデータやそれに近いデータを入手するために少なくとも五つの方法がある。

1　長期的に直接、計測する
2　過去を振り返る研究をする
3　生態学的なモデルをつくる
4　時間を空間で補う
5　実験する[64]

これらのアプローチはめったに一緒に使われることがないが、組み合わせて使うことにより、ずっと強力で統合的な結果をもたらすだろう。

長期的なデータがとくに価値があるのは、生態系の傾向を評価したり、生態系の実験を行なったり、ある出来事がよく起こることなのかどうかを判断するための基準やベースラインを提供してくれるからだ。過去の遺産についての知識や、生態系におけるゆっくりとした反応時間という要素は、予想を立て、管理するうえで決定的な要因となる。長期的なデータは、そういった問題を解決するのを助けてくれる。

ハバード・ブルック実験林における降雨と流水に含まれるアンモニウムと硝酸塩についての長期間データは、歴史的な不安定性について興味深いパターン、つまり過去の遺産を明らかにしただけでなく、生態学的に重要な問題点も明らかにした（図4-5）。降水に入った溶存無機態窒素（dissolved inorganic nitrogen；DIN）の総量は、一九六四／六五年から七二／七三年ごろにかけて増加し、その後は年間で一ヘクタールあたり五〇〇モル程度で落ちついた（水に関する年度は六月一日から翌年の五月三一日まで）[68]。それとは対照

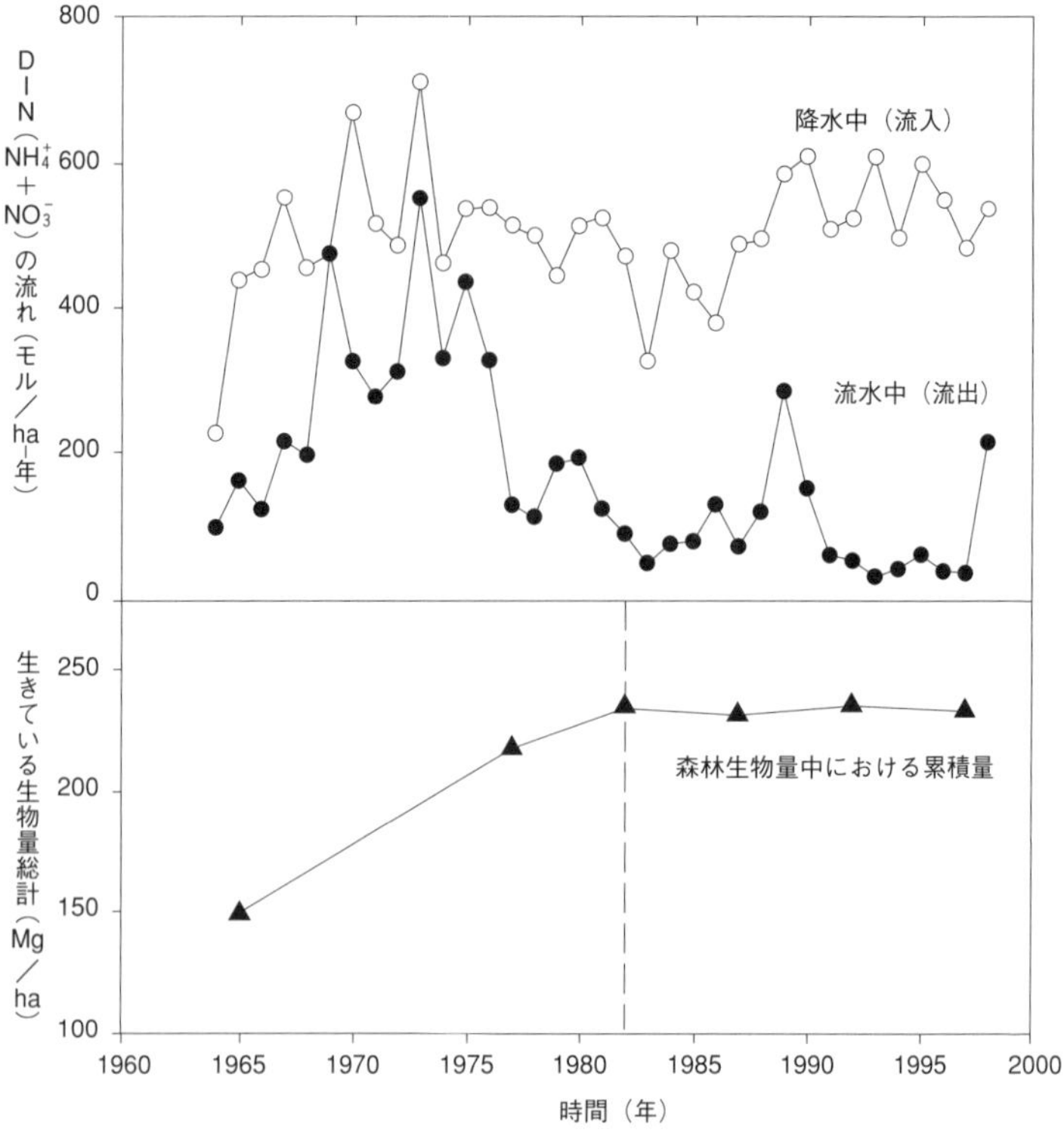

図4―5 米ニューハンプシャー州ハバード・ブルック実験林の分水界6における、溶存無機態窒素（DIN）（NO_3^-＋NH_4^+）の1年間の流れ（〈9、73〉、T. G. Siccamaとの個人的なコミュニケーションより）
○（降雨中のDIN）
●（流水中のDIN）
▲（森林生物量における累積総量）

的に、流水にＤＩＮが出ていった量は六四／六五年から六九／七〇年にかけて増え、六九〜七七年までの八年間、比較的多い量で安定。その後は例外的な時期を除いて、非常に少ない量まで減少した。例外的な時期というのは、七九／八〇年から八〇／八一年、八九／九〇年、そして九八／九九年だ。六九〜七七年、七九／八〇年から八〇／八一年、そして八九年に流水中のＤＩＮ量が多かったのは、土壌中の硝酸塩を流動化する作用がある土壌の凍結が、頻繁に起きたからだとみられる。[57,72,84] 九八／九九年のＤＩＮ量の増加は、九八年一月に大規模な雪嵐が森林に被害を与え、流域の水に溶け出た硝酸塩が増えたからだと考えられる。

この森林の生態系において、森林生物量*は主要な窒素の貯蔵庫になっている。したがって、森林生物量の累積が終わった八二年以降、流水中のＤＩＮ量が増えていないのは謎だし、直観に反している（図4−5）。こういった複雑性と過去の遺産の影響は現在、集中的に研究されている。三七年間、徹底的に研究してきたにもかかわらず、まだまだ生態系の複雑性は解明されつくしていない。

＊森林生物量――ある森林に生息する生物のなかの物質の総量。水以外の重量、あるいはエネルギー量で表わす。

外来種の侵入が生態系に与える影響を管理する

外来種は通常、個体群生態学者や群集生態学者らによって調査されている。しかし外来種は、生態系のエネルギーの流れや生物地球化学にも大きな影響を与えうる。外来種の問題は、世界的な貿易ネットワークや世界旅行の増加と密接に結びついており、今後一〇年ぐらいの間に、もっと深刻になるだろう。[11] ブライト（Christopher Bright）は、世界の商品の八〇％は船で運ばれ、その量は一九七〇〜九六年の間に倍増したと指摘した。一九八九年、一〇万トン以上の積荷を取り扱っていた空港は世界に三カ所しかなかったが、九六年には一三カ所に増えた。

外来種の生態系への影響は有益な場合も中立的な場合も有害な場合もあるし、異なる視点から見れば違う評価になる場合もある。しかし、人間の視点からすれば有害だと言わざるをえないような影響は非常に大きく、管理するのが難しい〈11〉。しかもしばしば、公衆衛生を脅かすし、その影響を緩和するのに年間何億ドルもかかる（米技術評価局、一九九三〈109〉）。実例はたくさんある。たとえばオーストラリアに侵入したウサギ、ニュージーランドに侵入したポッサム、北米に侵入した西ナイルウイルスやタイガーモスキート、マイマイガ、ウマノチャヒキ、そして南米に侵入したコナジラミなどだ。

外来種に対処するにはいくつかの方法がある。たとえば農薬の使用量を増やす、あるいはバラスト水やほかの媒介手段の扱いと管理を厳しくする、生殖を制限するために遺伝子操作する、などだ〈44〉。しかしどの手段も、潜在的に生態系に影響をもたらす可能性がある。オーストラリアのダーウィンで最近起きた出来事は、この問題の複雑さをよく示している。外来種の貝の一種（*Mytilopsis*〈＝*Congeria*〉sp.）が一九九八年の後半に突然、ダーウィン港のカレン湾のマリーナに現われた〈7〉。この外来種がいないかどうか、ダーウィン港の水域とノーザンテリトリーの投錨地はすべて入念に調べられたが、ダーウィン港の三カ所だけでしか見つからなかった。この外来の貝を一〇〇％殺すために、十分な量の塩素と硫酸銅がダーウィン港に投げこまれた。この処置が行なわれ、効果は十分だと評価されたものの、生態系への影響についてはよくわからない点がたくさん残っていたにちがいない〈7〉。このような事態に対して迅速に、そして決定的に行動するという決断が下されることはそう多くはないが、オーストラリアがそうしたのは、過去に外来種で苦い経験をしたことがあるからだろう。しかし、この外来種が生態系に与える影響と、駆除のための処置が生態系に与える影響のどちらが大きいのかという明白な疑問は残ったままだし、このような処置が、次にも繰り返されるべきかどうかもまだわからない。また、短期的あるいは長期的、そして経済的かつ生態的な利害はどの程度なのだろうか？

北米へのゼブラガイの侵入は、ケーススタディに適した例だろう。ゼブラガイは最初、ハドソン川の淡水域で一九九一年に見つかった[14,129,130]。この外来種はあっという間に増え、一九九三年までに、生態系において支配的な、川の水を体で濾過しながら水中の微生物を摂食する動物（濾過摂食者）となった。ハドソン川の大量のゼブラガイは、理論的には一・二日から三・六日ごとに川のすべての水を濾過している計算だった[129]。幸いなことに、この川の基礎的な成分については一九八六年からずっと調べられており、この外来種の影響を評価するための、長期的な土台ができていた[22]。ゼブラガイが、この広くて複雑な淡水系の生態系の構造と機能に与えた影響は大きく、いくつかの点で、予想外だった（図4-6）。とくに一九九三〜九六年にかけて、在来の貝の個体数が約六〇％も減り、水中の葉緑素αの量は約八五％減り、溶解酸素量は一五％減った[13,14,129]。

ゼブラガイの侵入に対する似たような生態系の反応は、エリー湖やサンクレア湖、サギノー湾、オナイダ湖でも観察されている[79,129]（図4-6）。一般的に、ハドソン川で観察されたような急激な溶解酸素量の減少は、下水が大量に流入するなど、ほかの場所で形成された大量の炭素源が流入するために起こる。しかし、ハドソン川生態系における酸素の減少は、そういったタイプの流入が原因で起きたのではないだけに、驚きだ[13]。

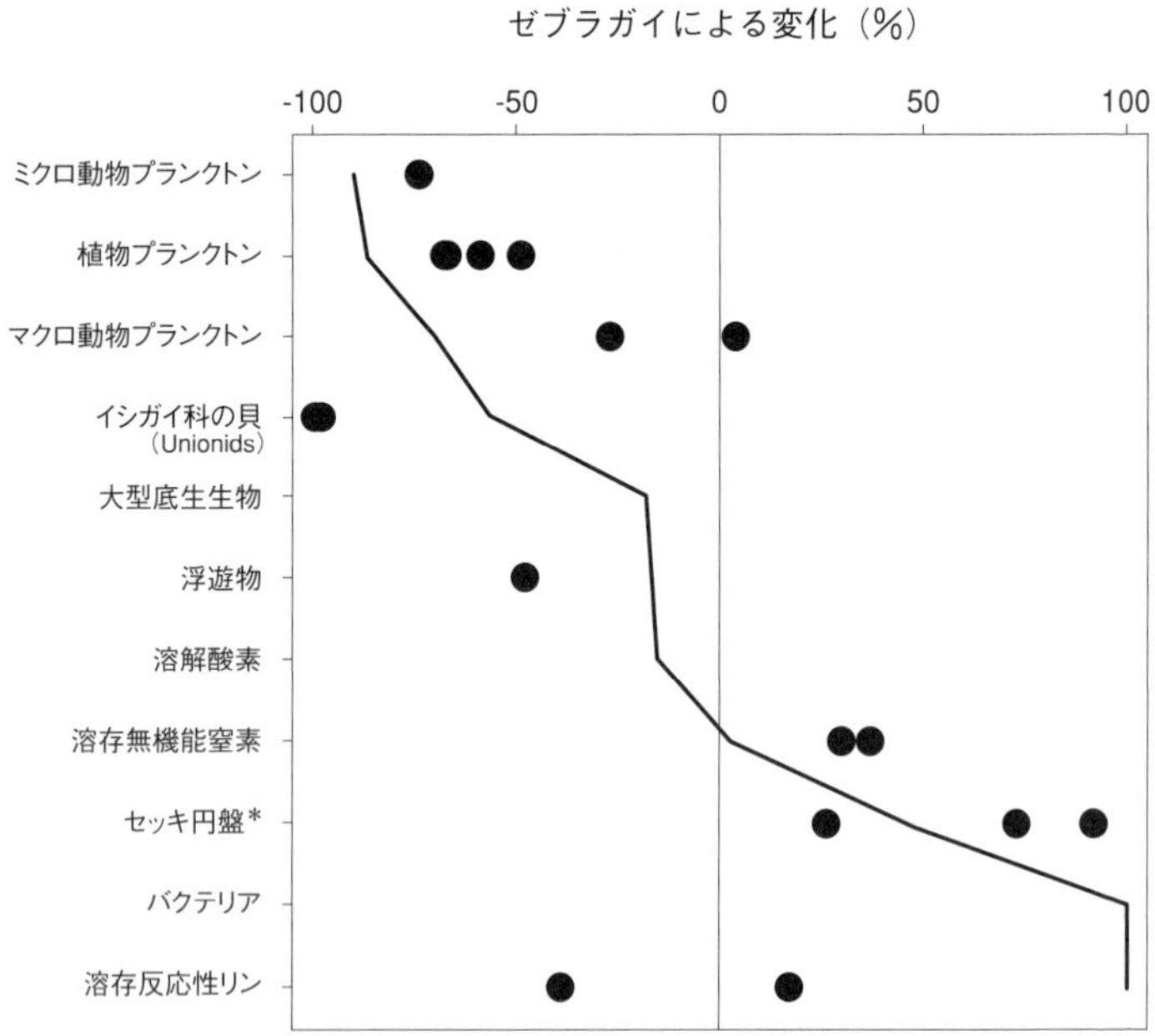

図4—6　ゼブラガイ侵入に対するハドソン川の生態系の反応（——）
エリー湖やサンクレア湖、サギノー湾、オナイダ湖での反応は●（〈13〉と〈129〉より改変）
＊水の透明度を測るための円盤

ビトセック（Peter Vitousek）は一九九〇年、窒素を固定する外来の植物（*Myrica faya*）が一八〇〇年代後半にハワイに導入され、以前は窒素固定植物がいなかった火山付近に大量の窒素蓄積をもたらしたことを発見した〈138〉。このような生物地球化学的な流れやサイクルの基礎的な変化は、外来種の侵入が生態系レベルで引き起こす影響の一例だ。

生態系によるサービスの価値

きれいな空気やきれいな水、きれいな土壌、そしてきれいで栄養価の高い食物のように、生態系が人類や地球上の生物の生命を支えるために提供してくれる「サービス」の価値を評価しようという試みが、最近盛んに行なわれている〈4、19、24、26〉。言うまでもなくこの試みは非常に難しい。なぜなら、まず、個人や文化、生態系の違いによっては異なる評価となるかもしれない要因について価値を定めなくてはならないからだ。しかも、こういったサービスは通常、人類の福祉との関連で評価されるが、生態系の「健康」（構造と機能）が維持されていくには、人類以外の種へのサービスも同じように重要だ。長年にわたりオダムたちは、金銭以外の共通の評価の単位が必要だと主張してきた〈98、99、100〉。

重要な生態系サービスのわかりやすい例は、きれいな水の十分な量の供給だろう。過去五〇年の間に米国では、一リットル瓶に入った水は、一リットル瓶に入った精製エンジンオイルよりかなり高くなった。アメリカ人は一人あたり年間約四八リットルの瓶詰めされた水を飲む〈42〉。私は、これは悲しい現実だと思う。しかし技術の進展した、私たちの住む国では、健康のために瓶詰めされた水を飲むことを余儀なくされているのだ。もちろん、それがファッショナブルだと見なされる傾向も大きく影響しているのは確かだが、米国各地で水道水の安全性について深刻な懸念がある。それでもなお、ミネラルウォーターの話は、非常に深刻な問題に関連したほんの小話にすぎない。現在の情報や予測によると、次の一〇年ほどの間に、地球上の水の供給は危機的な天然資源問題となりそうだ。〈32、35、60、110、111、144〉質に関する懸念には、たとえば塩化や病原体、有毒海草の繁殖、化学汚染、富栄養化、そして種の多様性の減少などが含まれる。量に関する懸念には、新しい技術の開発と適用、需給の不釣り合い、とくに政治的な境界線を越えた輸送の難しさなどが含まれる。

人類を支えている生態系サービスの価値と役割を示すシンプルだが明白な例は、ニューヨーク市の水供給システムだろう。〈21、41〉このシステムは、大半は遠くにある森林の分水界生態系によって支えられ、守られてきた。生態系内で供給されたきれいな水は、貯水池に集められ、導水管を通ってニューヨーク市に運ばれてくる。この生態系サービスは何十年もの間、質の高い水を比較的安い値段で、大都市に安定的に供給してくれていた。ところが最近、大気汚染の影響や、ジアルジア（*Giardia* sp.）やクリプトスポリジウム（*Cryptosporidium* sp.）といった外来の病原体のために、質が悪化する可能性に脅かされている。〈75、90、146〉もしこのシステムが分水界生態系によるサービスがなければ、ニューヨーク市への水の供給には約九〇億ドルかかっただろうと試算されている。しかも、人工的な濾過システムは森林生態系とは異なり、炭素を貯蔵したり、生物多様性を支えたり、リクリエーションの場を提供してくれるわけではない。〈21、41〉

包括的な生態学へ

環境の変化は、よく新聞の見出しになる「地球温暖化」や「気候変動」だけに限らない[144]。人間によって加速されている環境の変化には、成層圏のオゾン層の消失や種の絶滅、外来種の侵入、生物圏の有毒化、土地利用の変化などが含まれる[59]。もっと重要なのは、人間によって加速されているさまざまな環境変化同士の連鎖やフィードバックが複数、同時に、あるいはゆがんだ形で後遺症的にあとから起こることだ[61]。

人口の規模や大気中の二酸化炭素の濃度、化学肥料や農薬の使用量、海洋資源の劣化、景観の分断化、大都市の集中化、種の絶滅の速度など、生態系の構造と機能に影響を与える重要な要素が二一世紀に入ってますます、前例のない速度で世界中で変化しつつある。このような速度と規模で資源を使い、生態系に影響を与えていく状態は、まだ持続可能なのだろうか？　こういった疑問は、生態系生態学者に、解決の糸口を見つけなければいけないという大きなプレッシャーを与え、責任を感じさせる。たとえば人間の活動により陸地の窒素サイクルに入る窒素量が地球規模でほぼ倍増した[140]。窒素は、水生あるいは陸生生態系において限られた栄養素にしかならないため、この窒素サイクルの乱れは、多くの生態学的な派生効果と、関連した環境変化の問題をもたらす重大な攪乱要因となっている[141]。

アース（地球）デーは一九七〇年四月二二日、たくさんのファンファーレと興奮とともに、地球を覆う薄い層にある繊細な環境を守るために責任を果たそうという志をもった市民たちの運動として始まった。それでもいまだに、地表のどこかから一平方センチメートルを切り取ってきて調べれば、たとえそれが南極大陸からのものであっても、農薬や有毒鉛化合物など人類がもたらした汚染物質を含んでおり、質が落ちていることが判明するという状態は変わっていない。

発展途上地域に住むほとんどの人びとにとって、生存できるかどうかは直接、天然資源が入手できるかどうかにかかっている。しかし先進国の大半の人びとにとっては、環境はもっと大きな問題の一部にすぎない。破壊行為は、人びとが「正しい」と信じて行なっている行為の避けることができない帰結なのだ。河川を汚す、金鉱を掘るために先住民の領土を破壊する、あるいはファストフードのハンバーガーの原料となる牛を育てるためにジャングルを焼き払う、旧東ヨーロッパの全地域が工業による公害で汚染される、輸出のために古い森林が皆伐される、湿地帯に別荘を建てる……。これらは、こういった行為自体が目的なのではない。これらは経済発展や雇用の創出、富の蓄積、あるいはよりよい生活を求める行為の副産物なのだ。不幸なことに、短期的に正しいと思える行為が、長期的にも正しいとは限らない。生態系の構造や機能、そして時間にともなう変化に関する量的な研究は、こういった環境問題へのよりよい生態学的、そして経済的な取り組みを編みだし、環境的な質を維持するために正しい道を見つける希望を与えてくれる。〈4〉

生態系生態学は比較的新しい科学だ。生態系アプローチは、広域にわたる生態系の複雑性を単純化し、解明する、強力な統合的手法だ。したがって、入手できるデータや情報量の増加や、主要な地域あるいは地球規模の変化や実験といった、刺激的な研究機会がたくさんあると同時に、表4-4にあげたような、多様な生態系の複雑性を解明したり環境問題の解決策を見つけたりするという多くの課題もある。〈106〉現在は、過去の生態系科学における飛躍的な進展から学び、新しい課題やフロンティアに期待することができる刺激的な時期だということもできる。人類を含めた多様な生物の生存に必要な、この惑星上の適切な環境を維持するためには、生態系の複雑性をもっと単純化して理解する必要がある。そのために私たちは、あらゆる生態学の分野の英知を集め、新しいレベルの知識を発展させなくてはいけないだろう〈63〉。

今後五〇年間の課題に対処するには、生態系生態学者はこれまでのレベルをはるかに超えて創造的かつ革新的で、前向きかつ攻撃的であることが求められる〈2、76、88〉。生態学から進化生物学、生物地球化学にいたるまでの情報を含めた統合的な生態系アプローチがこれほどまでに必要とされたこともかつてなかった〈2〉。世界規模で生態系の変化や現状の評価が必要だという最近の主張に、私は心から賛成する。人間の活動によって環境変化が悪い方向に進んでいる今、とくにこうした評価は必要だ。ただし、評価は非常に難しいだろう。生態系はとても複雑で多様なだけに、気候変動に関する政府間パネル（ＩＰＣＣ）による地球温暖化の評価より難しいかもしれない〈48〉。

現在はまた、生態系の研究をする人を真剣にさせる時期でもある。私たちが知るかぎり、地球の環境に対してひとつの生物種がこれだけ劇的な影響を与えた前例はないからだ。生態系科学は、その包括的な性質のおかげで、人類やほかの生物が二一世紀以降も持続的に生存していくための環境を探究するなかで直面している、あるいは直面するだろう大規模な問題に対処するうえで希望のもてるアプローチを提供できる。

私がこの章で主に強調してきたのは、生態系の管理の基礎となる、もっと統合的で包括的な知識と理解の必要性だ。知識の探究は、私がいつも行なっていることであり、科学者として違和感を感じないものだ。しかし、特定の生態系の機能や生命を支えるような連続的な活動を生みだすには、それだけでは十分ではない。

人びとの福祉が脅かされないかぎり、新しい知識や理解が迅速に、あるいは広く受け入れられ、応用されることはない。この現実ゆえに、私やほかの人びとは、生態系を統合的に評価して管理するためのアプローチは、生物学や化学、物理学、社会経済学、そして文化的な側面を組み合わせたものでなければならないと主張しているのだ。こういったアプローチが有効性を発揮するためには、最初から統合的でなければならない。この困難な課題にどうやって対処すればいいのか、私は個人的にはよくわからない。一九七〇年代に全米科学財団が行なった「私たちの社会と関係する問題への多分野の専門家による研究（Interdisciplinary Reserach Relevant to Problems of Our Society）」のような過去の失敗例は、私たちに反省を促す。しかし、私たちが直面している環境問題は日を追って緊急性と重要性を増しており、私たちはできるかぎり努力するしかない。

私はここで、「統合」「複雑性」「持続可能性」といった用語を頻繁に使った。しかし、こういった用語を使う本当の意義は、私たちがその概念をきちんと理解して定義する道を見つけ、問題の解決策を実施するために一緒に努力することにある。生態系生態学は、その全体的で包括的なアプローチにより、現在急速に広がり、進展している環境問題への取り組み方や、解決策を見つけるための土台を提供する。

二一世紀の課題

ここにいくつかの、将来、重要になる生態系の問題をあげる（表4–4も参照）。

1　環境の質や安定性を強化するために、遺伝子操作により生態系を変えることができるだろうか？　あるいは、そうすべきだろうか？

2　環境の復元といった特定の機能的目的を達成する生態系をつくることができるだろうか？

3　大規模な都市を従属栄養の生態系ではなく、純粋な生産者として機能する生態系としてつくりあげることができるだろうか？（たとえば〈89〉によるテクノ生態系のようなもの）

4　土地利用や社会的ニーズが複雑なモザイク模様を描いている大規模な景観を、持続可能な生態系サービスのために管理できるだろうか？

5　予想もできないような結果や突発的な出来事に対して、もっと上手に対処できるだろうか？　あるいは少なくとも、それらを予測できるだろうか？

6　生物多様性と生態系の機能の関係がきちんと解明され、利用できるだろうか？

謝辞

経済的な支援は生態系研究所とアンドリュー・メロン財団（The Andrew W. Mellon Foundation）から受けた。アイデアと助言に対して次の人びとに感謝したい。E. Bernhardt、P. Cullen、M. Davis、J. Franklin、G. Glatzel、G. Harris、L. Hedin、R. Howarth、J. McCutchan、R. Stelzer、S. Tartowski、そして生態系研究所の科学者たち（A. Berkowitz、C. Canham、J. Cole、S. Findlay、P. Groffman、K. Hogan、G. Lovett、M. Pace、R. Winchcombe、そしてとくにN. Caraco、C. Jones、R. Ostfeld、S. Pickett、D. Strayer、J. Warner、K. Weathers）。そして技術的なサポートに対して、D. Buso、D. Fargione、P. Likensに感謝する。草稿に対する思慮深いコメントをくれたB. Barrettと二人の匿名の査読者にも謝意を表す。

引用文献

1. Aber, J. D., C. T. Driscoll, C. A. Federer, R. Lathrop, G. M. Lovett, J. M. Melillo, P. Steudler, and J. Vogelmann. 1993. A strategy for the regional analysis of the effects of physical and chemical climate change on biogeochemical cycles in northeastern (U.S.) forests. *Ecol. Modelling* 67:37–47.
2. Ayensu, E., D. van R. Claasen, M. Collins, A. Dearing, L. Fresco, M. Gadgil, H. Gitay, G. Glaser, C. Juma, J. Krebs, R. Lenton, J. Lubchenco, J. McNeeley, H. Mooney, P. Pinstrup-Andersen, M. Ramos, P. Raven, W. Reid, C. Samper, J. Sarukhán, P. Schei, J. Galizia Tundisi, R. Watson, Xu Guanhua, and A. Zakri. 1999. International Ecosystem Assessment. *Science* 286:685–86.
3. Barrett, G. W. 1968. The effects of an acute insecticide stress on a semi-enclosed grassland ecosystem. *Ecology* 49:1019–35.
4. Barrett, G. W., and E. P. Odum. 2000. The twenty-first century: The world at carrying capacity. *BioScience* 50:363–68.
5. Basnet, K., G. E. Likens, F. N. Scatena, and A. E. Lugo. 1992. Hurricane Hugo: Damage to a tropical rain forest in Puerto Rico. *J. Tropical Ecol*. 8:47–56.
6. Batie, S. S. 1993. *Soil and water quality, an agenda for agriculture*. Washington, D.C.: National Academy Press.
7. Bax, N. J. 1999. Eradicating a dreissenid from Australia. *Dreissnena: The Digest of National Aquatic Nuisance Species Clearinghouse* 10:1–4.
8. Bormann, F. H., and G. E. Likens. 1967. Nutrient cycling. *Science* 155:424–29.
9. ——. 1979. *Pattern and process in a forested ecosystem*. New York: Springer-Verlag.
10. Botkin, D. B., J. F. Janak, and J. R. Wallis. 1972. Rationale, limitations, and assumptions of a northeastern forest growth simulator. *IBM J. Res. Dev.* 16:101–16.
11. Bright, C. 1999. Invasive species: Pathogens of globalization. *Foreign Policy,* Fall, 50–64.
12. Burke, I. C., W. K. Lauenroth, and C. A. Wessman. 1998. Progress in understanding biogeochemical cycles at regional to global scales. In *Successes, limitations, and frontiers in ecosystem science,* edited by M. L. Pace and P. M. Groffman. New York: Springer- Verlag.
13. Caraco, N. F., J. J. Cole, S. E. G. Findlay, D. T. Fischer, G. G. Lampman, M. L. Pace, and D. L. Strayer. 2000. Dissolved oxygen declines in the Hudson River associated with the invasion of the zebra mussel (*Dreissena polymorpha*). *Environ. Sci. Technol*. 34:1204–10.
14. Caraco, N., J. J. Cole, P. A. Raymond, D. L. Strayer, M. L. Pace, S. E. G. Findlay, and D. T. Fischer. 1997. Zebra mussel invasion in a large, turbid river: Phytoplankton response to increased grazing. *Ecology* 78:588–602.
15. Carpenter, S. R. 1998. The need for large-scale experiments to assess and predict the response of ecosystems to perturbation. In *Successes, limitations, and frontiers in ecosystem science,* edited by M. L. Pace and P. M. Groffman. New York: Springer-Verlag.

16. Carpenter, S. R., D. E. Armstrong, D. E. Bennett, B. M. Kahn, K. J. Brasier, R. C. Lathrop, P. J. Nowak, and T. Reed. 2001. The ongoing experiment: Restoration of Lake Mendota. In *Lakes in the landscape: Long-term ecological research of north temperate lakes,* edited by J. J. Magnuson and T. K. Kratz. Cambridge: Oxford Univ. Press. In prep.
17. Carpenter, S. R., S. W. Chisholm, C. J. Krebs, D. W. Schindler, and R. F. Wright. 1995. Ecosystem experiments. *Science* 269:324–27.
18. Carpenter, S. R., and J. F. Kitchell, eds. 1993. *The trophic cascade in lakes*. London: Cambridge Univ. Press.
19. Carpenter, S. R., and M. Turner. 2000. Opening the black boxes: Ecosystem science and economic valuation. *Ecosystems* 3:1–3.
20. Carson, R. 1962. *Silent spring*. Boston: Houghton Mifflin.
21. Chichilnisky, G., and G. M. Heal. 1998. Economic returns from the biosphere. *Nature* 391:629–30.
22. Cole, J. J., G. M. Lovett, and S. E. G. Findlay, eds. 1991. *Comparative analyses of ecosystems: Patterns, mechanisms, and theories*. New York: Springer-Verlag.
23. Colwell, R. 2000. The role and scope for an integrated community of biologists. *BioScience* 50:199–202.
24. Costanza, R., R. d'Arge, R. de Groot, S. Farber, M. Grasso, B. Hannon, S. Naeem, K. Limburg, J. Paruelo, and R. V. O'Neill. 1997. The value of the world's ecosystem services and natural capital. *Nature* 387:253–60.
25. Crutzen, P. J. 1971. Ozone production rates in an oxygen-hydrogen-nitrogen oxide atmosphere. *J. Geophys. Res*. 76:7311–27.
26. Daily, G. C., P. R. Ehrlich, L. H. Goulder, J. Lubchenco, P. A. Matson, H. A. Mooney, S. H. Schneider, G. M. Woodwell, and D. Tilman. 1997. Ecosystem services: Benefits supplied to human societies by natural ecosystems. *Issues in Ecology* 2:1–16.
27. Easterbrook, G. 1995. *A moment on the Earth: The coming age of environmental optimism*. New York: Penguin Books.
28. Elser, J. J., D. R. Dobberfuhl, N. A. MacKay, and J. H. Schampel. 1996. Organism size, life history, and N:P stoichiometry: Towards a unified view of cellular and ecosystem processes. *BioScience* 46:674–84.
29. Elser, J. J., and J. Urabe. 1999. The stoichiometry of consumer-driven nutrient recycling: Theory, observations, and consequences. *Ecology* 80:735–51.
30. Elton, C. 1939. *Animal ecology*. New York: Macmillan. Reprint of 1927. London: Sidgwick and Jackson.
31. Evans, F. C. 1956. Ecosystem as the basic unit in ecology. *Science* 123:1127–28.
32. Francko, D. A., and R. G. Wetzel. 1983. *To quench our thirst: Present and future freshwater resources of the United States*. Ann Arbor: Univ. of Michigan Press.
33. Galloway, J. N., H. Levy II, and P. S. Kasibhatla. 1994. Year 2020: Consequences of population growth and development on the deposition of oxidized nitrogen. *Ambio* 23:120–23.

34. Galloway, J. N., G. E. Likens, W. C. Keene, and J. M. Miller. 1982. The composition of precipitation in remote areas of the world. *J. Geophys. Res.* 87:8771–86.
35. Gleick, P. H. 1998. *The world's water.* Washington, D.C.: Island Press.
36. Golley, F. B. 1993. *A history of the ecosystem concept in ecology.* New Haven: Yale Univ. Press.
37. Gosz, J. R., R. T. Holmes, G. E. Likens, and F. H. Bormann. 1978. The flow of energy in a forest ecosystem. *Sci. Amer.* 238:92–102.
38. Hagen, J. B. 1992. *An entangled bank: The origins of ecosystem ecology.* New Brunswick, N.J.: Rutgers Univ. Press.
39. Hasler, A. D., ed. 1975. *Proceedings of the INTECOL symposium on coupling of land and water systems, 1971.* New York: Springer-Verlag.
40. Hasler, A. D., O. M. Brynildson, and W. T. Helm. 1951. Improving conditions for fish in brown-water lakes by alkalization. *J. Wildl. Manage.* 15:347–52.
41. Heal, G. M. 1999. Valuing ecosystem services. In *Money, economics, and finance.* Columbia Univ., Columbia Business School.
42. Hebert, H. J. 1999. Study raises questions about just how pure bottled water is. *Ithaca Journal,* Mar. 31.
43. Hedin, L. O., J. J. Armesto, and A. H. Johnson. 1995. Patterns of nutrient loss from unpolluted, old-growth temperate forests: Evaluation of biogeochemical theory. *Ecology* 76:493–509.
44. Holden, C. 2000. From ballast to bouillabaisse. *Science* 289:241.
45. Hrbácek, J., M. Dvoráková, M. Korínek, and L. Procházková. 1961. Demonstration of the effect of the fish stock on the species composition of zooplankton and the intensity of metabolism of the whole plankton association. *Verh. der Internat. Verein. für Theor. Ang. Limnol.* 14:192–95.
46. Hutchinson, G. E. 1950. Survey of contemporary knowledge of biogeochemistry: III. The biogeochemistry of vertebrate excretion. *Bull. Amer. Mus. Nat. Hist.* 96.
47. ——. 1957. *A treatise on limnology.* Vol. 1 of *Geography, Physics, and Chemistry.* New York: John Wiley.
48. IPCC. 1990. *Climate change: The IPCC scientific assessment.* Cambridge: Cambridge Univ. Press.
49. Jones, C. G., and J. H. Lawton, eds. 1995. *Linking species and ecosystems.* New York: Chapman & Hall.
50. Jones, C. G., J. H. Lawton, and M. Shachak. 1994. Organisms as ecosystem engineers. *Oikos* 69:373–86.
51. Jones, C. G., R. S. Ostfeld, M. P. Richard, E. M. Schauber, and J. O. Wolff. 1998. Chain reactions linking acorns, gypsy moth outbreaks, and Lyme-disease risk. *Science* 279:1023–26.
52. Jones, C. G., and M. Shachak. 1990. Fertilization of the desert soil by rock-eating snails. *Nature* 346:839–41.
53. Juday, C. 1940. The annual energy budget of an inland lake. *Ecology* 21:438–50.
54. Kovda, V. A. 1975. *Biogeochemical cycles in nature and their study.* Moscow: Publishing Hause Hauka.

55. Lauenroth, W. K., C. D. Canham, A. P. Kinzig, K. A. Poiani, W. M. Kemp, and S. W. Running. 1998. Simulation modeling in ecosystem science. In *Successes, limitations, and frontiers in ecosystem science,* edited by M. L. Pace and P. M. Groffman. New York: Springer- Verlag.
56. Leopold, A. 1939. A biotic view of land. In *The river of the Mother of God,* edited by S. L. Flader and J. Baird Callicott. Madison: Univ. of Wisconsin Press.
57. Lewis, G. P., and G. E. Likens. 2001. Potential contribution of insect defoliation to elevated nitrate loss from a northern hardwood forest. In prep.
58. Likens, G. E. 1985. An experimental approach for the study of ecosystems. *J. Ecol.* 73:381–96.
59. ——. 1991. Human-accelerated environmental change. *BioScience* 41:130.
60. ——. 1992. *The ecosystem approach: Its use and abuse*. Vol. 3 of *Excellence in ecology*. Oldendorf/Luhe, Germany: Ecology Institute.
61. ——. 1994. Human-accelerated environmental change: An ecologist's view. 1994 Australia Prize winner presentation. Perth: Murdoch Univ.
62. ——. 1998. Limitations to intellectual progress in ecosystem science. In *Successes, limitations, and frontiers in ecosystem science,* edited by M. L. Pace and P. M. Groffman. New York: Springer-Verlag.
63. ——. 2001. Eugene Odum, the ecosystem approach, and the future. In *Holistic science: The evolution of the Georgia Institute of Ecology (1940–2000),* edited by G. W. Barrett and T. L. Barrett. Newark, N.J.: Harwood Acad. Publ. In press.
64. Likens, G. E., ed. 1989. *Long-term studies in ecology: Approaches and alternatives.* New York: Springer-Verlag.
65. Likens, G. E., and F. H. Bormann. 1974a. Acid rain: A serious regional environmental problem. *Science* 184:1176–79.
66. ——. 1974b. Linkages between terrestrial and aquatic ecosystems. *BioScience* 24:447–56.
67. ——. 1985. An ecosystem approach. In *An ecosystem approach to aquatic ecology: Mirror Lake and its environment,* edited by G. E. Likens. New York: Springer-Verlag.
68. ——. 1995. *Biogeochemistry of a forested ecosystem.* 2d ed. New York: Springer-Verlag.
69. Likens, G. E., F. H. Bormann, and N. M. Johnson. 1969. Nitrification: Importance to nutrient losses from a cutover forested ecosystem. *Science* 163:1205–6.
70. ——. 1972. Acid rain. *Environment* 14:33–40.
71. Likens, G. E., F. H. Bormann, N. M. Johnson, D. W. Fisher, and R. S. Pierce. 1970. Effects of forest cutting and herbicide treatment on nutrient budgets in the Hubbard Brook watershed-ecosystem. *Ecol. Monogr.* 40:23–47.
72. Likens, G. E., F. H. Bormann, R. S. Pierce, J. S. Eaton, and N. M. Johnson. 1977. *Biogeochemistry of a forested ecosystem*. New York: Springer-Verlag.
73. Likens, G. E., C. T. Driscoll, D. C. Buso, T. G. Siccama, C. E. Johnson, G. M. Lovett, T. J. Fahey, W. A. Reiners, D. F. Ryan, C. W. Martin, and S. W. Bailey. 1998. The biogeochemistry of calcium at Hubbard Brook. *Biogeochemistry* 41:89–173.
74. Lindeman, R. L. 1942. The trophic-dynamic aspect of ecology. *Ecology* 23:399–418.

75. Lovett, G. M., K. C. Weathers, and W. Sobczak. 2000. Nitrogen saturation and retention in forested watersheds of the Catskill Mountains, N.Y. *Ecol. Appl.* 10:73–84.
76. Lubchenco, J. 1998. Entering the century of the environment: A new social contract with science. *Science* 279:491–97.
77. McDonnell, M. J., and S. T. A. Pickett, eds. 1993. *Humans as components of ecosystems: The ecology of subtle human effects and populated areas*. New York: Springer-Verlag.
78. McIntosh, R. P. 1985. *The background of ecology: Concept and theory.* Cambridge: Cambridge Univ. Press.
79. Makarewicz, J. C., P. Bertram, and T. W. Lewis. 2000. Chemistry of the offshore surface waters of Lake Erie: Pre- and post-Dreissena introduction (1983–1993). *J. Great Lakes Res*. 26:82–93.
80. Mallin, M. A. 2000. Impacts of industrial animal production on rivers and estuaries. *Amer. Sci*. 88:26–37.
81. Martin, M. E., and J. D. Aber. 1997. Estimation of forest canopy lignin and nitrogen concentration and ecosystem processes by high spectral resolution remote sensing. *Ecol. Applications* 7:431–43.
82. Martin, M.E., S. D. Newman, J. D. Aber, and R. G. Congalton. 1998. Determining forest species composition using high spectral resolution remote sensing data. *Remote Sensing of the Environment* 65:249–54.
83. Matson, P. A., and S. L. Ustin. 1991. Special feature: The future of remote sensing in ecological studies. *Ecology* 76:1917.
84. Mitchell, M. J., C. T. Driscoll, J. S. Kahl, G. E. Likens, P. S. Murdoch, and L. H. Pardo. 1996. Climatic control of nitrate loss from forested watersheds in the Northeast United States. *Environ. Sci. Technol*. 30:2609–12.
85. Molina, M. J., and F. S. Rowland. 1974. Stratospheric sink for chlorofluoromethanes: Chlorine atom-catalysed destruction of ozone. *Nature* 249:810–12.
86. Munn, T. E., A. Whyte, and P. Timmerman. 1999. Emerging environmental issues: A global perspective of SCOPE. *Ambio* 28:464–71.
87. Myers, N. 1980. *Conversion of tropical moist forests*. Washington, D.C.: National Academy Press.
88. ——. 1996. Development, environment, and health: What else we should know? *Environ. and Dev. Econ*. 1:367–71.
89. Naveh, Z. 1982. Landscape ecology as an emerging branch of human ecosystem science. *Adv. Ecol. Res*. 12:189–237.
90. New York City Department of Environmental Protection (NYCDEP). 1993. *New York City drinking water quality control, 1992 watershed annual report*. New York: NYCDEP.
91. Odèn, S. 1968. *The acidification of air and precipitation and its consequences on the natural environment*. Swedish National Science Research Council, Ecology Committee, Bull. 1.
92. Odum, E. P. 1959. *Fundamentals of ecology*. 2d ed. Philadelphia: Saunders.
93. ——. 1964. The new ecology. *BioScience* 14:14–16.

94. ——. 1969. The strategy of ecosystem development. *Science* 164:262–70.
95. Odum, H. T. 1956. Primary production in flowing waters. *Limnol. Oceanogr.* 1:102–17.
96. ——. 1957. Trophic structure and productivity of Silver Springs, Florida. *Ecol. Monogr.* 27:55–112.
97. ——. 1960. Ecological potential and analogue circuits for the ecosystem. *Amer. Sci.* 48:1–8.
98. ——. 1975. Energy quality and the carrying capacity of the Earth. *Tropical Ecol.* 16:1–8.
99. ——. 1996. *Environmental accounting: EMERGY and environmental decision making*. New York: John Wiley.
100. Odum, H. T., and E. P. Odum. 2000. The energetic basis for valuation of ecosystem services. *Ecosystems* 3:21–23.
101. Office of Technology Assessment. 1993. *Harmful nonindigenous species in the United States*. Washington, D.C.: OTA.
102. Ostfeld, R. S. 1997. The ecology of Lyme-disease risk. *Amer. Sci.* 85:338–46.
103. Ostfeld, R. S., and C. G. Jones. 1999. Peril in the understory. *Audubon,* July–Aug., 74–82.
104. Ostfeld, R. S., C. G. Jones, and J. O. Wolff. 1996. Of mice and mast: Ecological connections in eastern deciduous forests. *BioScience* 46:323–30.
105. Ostfeld, R., F. Keesing, C. G. Jones, C. D. Canham, and G. M. Lovett. 1998. Integrative ecology and the dynamics of species in oak forests. *Integrative Biology* 1:178–85.
106. Pace, M. L., and P. M. Groffman, eds. 1998. *Successes, limitations, and frontiers in ecosystem science*. New York: Springer-Verlag.
107. Pickett, S. T. A., R. S. Ostfeld, M. Shachak, and G. E. Likens, eds. 1997. *The ecological basis of conservation: Heterogeneity, ecosystems, and biodiversity.* New York: Chapman & Hall.
108. Pickett, S. T. A., and P. S. White, eds. 1985. *The ecology of natural disturbance and patch dynamics*. New York: Academic Press.
109. Pimental, D., L. Lach, R. Zuniga, and D. Morrison. 2000. Environmental and economic costs of nonindigenous species in the United States. *BioScience* 50:53–65.
110. Population Action International Report. 1994. *Sustaining water: An update*. Revised data for the Population Action International Report. Washington, D.C.: Population and Environment Program.
111. Postel, S. L., G. C. Daily, and P. R. Ehrlich. 1996. Human appropriation of renewable fresh water. *Science* 271:785–88.
112. Power, M. E., D. Tilman, J. A. Estes, B. A. Menge, W. J. Bond, L. S. Mills, G. Daily, J. C. Castilla, J. Lubchenco, and R. T. Paine. 1996. Challenges in the quest for keystones. *BioScience* 46:609–20.
113. Redfield, A. C. 1958. The biological control of chemical factors in the environment. *Amer. Sci.* 46:205–21.
114. Rees, W. E., and M. Wackernagel. 1994. Ecological footprints and appropriated carrying capacity: Measuring the natural capital requirements of the human economy. In

Investing in natural capital, edited by A. M. Jansson, M. Hammer, C. Folke, and R. Costanza. Washington, D.C.: Island Press.
115. Reiners, W. A. 1986. Complementary models for ecosystems. *Amer. Natur.* 127:60–73.
116. Richards, J. F. 1990. Land Transformation. In *The Earth as transformed by human action,* edited by B. L. Turner II, W. C. Clark, R. W. Kates, J. F. Richards, J. T. Mathews, and W. B. Meyer. Cambridge: Cambridge Univ. Press.
117. Rowland, F. S., and M. J. Molina. 1975. Chlorofluoromethanes in the environment. *Rev. Geophys. Space Phys.* 13:1–35.
118. Schindler, D. W. 1973. Experimental approaches to limnology: An overview. *J. Fish. Res. Bd. Canada* 30:1409–13.
119. ——. 1977. The evolution of phosphorus limitation in lakes. *Science* 195:260–62.
120. Schindler, D. W., K. H. Mills, D. F. Malley, D. L. Findlay, J. A. Shearer, I. J. Davies, M. A. Turner, G. A. Linsey, and D. R. Cruikshank. 1985. Long-term ecosystem stress: The effects of years of experimental acidification on a small lake. *Science* 228:1395–1401.
121. Schultz, V., and A. W. Klement, Jr., eds. 1963. *Radioecology.* New York: Reinhold and Washington, D.C.: AIBS.
122. Shachak, M., and C. G. Jones. 1995. Ecological flow chains and ecological systems: Concepts for linking species and ecosystem perspectives. In *Linking species and ecosystems,* edited by C. G. Jones and J. H. Lawton. New York: Chapman & Hall.
123. Shachak, M., C. G. Jones, and S. Brand. 1995. The role of animals in an arid ecosystem: Snails and isopods as controllers of soil formation, erosion, and desalinization. *Adv. Geo. Ecol.* 28:37–50.
124. Shapiro, J. 1979. The need for more biology in lake restoration. In *Lake restoration,* U.S. EPA 440/5-79-001. Washington, D.C.: EPA.
125. Slobodkin, L. B. 1962. Energy in animal ecology. In *Advances in ecological research 12,* edited by J. B. Cragg. London: Academic Press.
126. Smith, V. H. 1998. Cultural eutrophication of inland, estuarine, and coastal waters. In *Successes, limitations, and frontiers in ecosystem science,* edited by M. L. Pace and P. M. Groffman. New York: Springer-Verlag.
127. Stearns, F., and T. Montag, eds. 1974. *The urban ecosystems: A holistic approach.* Stroudsburg, Pa.: Dowden, Hutchinson and Ross.
128. Sterner, R. W., J. J. Elser, E. J. Fee, S. J. Guildford, and T. H. Chrzanowski. 1997. The light:nutrient ratio in lakes: The balance of energy and materials affects ecosystem structure and process. *Amer. Natur.* 150:663–84.
129. Strayer, D. L., N. F. Caraco, J. J. Cole, S. Findlay, and M. L. Pace. 1999. Transformation of freshwater ecosystems by bivalves: A case study of zebra mussels in the Hudson River. *BioScience* 49:19–27.
130. Strayer, D. L., J. Powell, P. Ambrose, L. C. Smith, M. L. Pace, and D. T. Fischer. 1996. Arrival, spread and early dynamics of a zebra mussel (*Dreissena polymorpha*) population in the Hudson River estuary. *Can. J. Fish. Aquatic Sci.* 53:1143–49.

131. Stumm, W., ed. 1977. *Global chemical cycles and their alterations by man*. Berlin: Dahlem Konferenzen.

132. Swank, W. T., and D. A. Crossley, Jr. 1988. *Forest hydrology and ecology at Coweeta*. New York: Springer-Verlag.

133. Tansley, A. G. 1935. The use and abuse of vegetational concepts and terms. *Ecology* 16:284–307.

134. Turner, B. L., II, W. C. Clark, R. W. Kates, J. F. Richards, J. T. Mathews, and W. B. Meyer, eds. 1990. *The Earth as transformed by human action*. New York: Cambridge Univ. Press.

135. Van Dyne, G. M. 1966. *Ecosystems, systems ecology, and systems ecologists*. ORNL-3957. Oak Ridge, Tenn.: ORNL.

136. Vernadsky, W. I. 1944. Problems in biogeochemistry, II. *Trans. Conn. Acad. Arts Sci.* 35:493–94.

137. ——. 1945. The biosphere and the noösphere. *Amer. Sci.* 33:1–12.

138. Vitousek, P. M. 1990. Biological invasions and ecosystem processes: Towards an integration of population biology and ecosystem studies. *Oikos* 57:7–13.

139. ——. 1994. Beyond global warming: Ecology and global change. *Ecology* 75:1861–76.

140. Vitousek, P. M., J. D. Aber, R. W. Howarth, G. E. Likens, P. A. Matson, D. W. Schindler, W. H. Schlesinger, and D. G. Tilman. 1997a. Human alteration of the global nitrogen cycle: Sources and consequences. *Ecol. Appl.* 7:737–50.

141. Vitousek, P. M., and R. W. Howarth. 1991. Nitrogen limitation on land and in the sea: How can it occur? *Biogeochemistry* 13:87–115.

142. Vitousek, P. M., H. A. Mooney, J. Lubchenco, and J. M. Melillo. 1997b. Human domination of Earth's ecosystems. *Science* 277:494–99.

143. Vollenweider, R. A. 1968. *Scientific fundamentals of lake and stream eutrophication, with particular reference to phosphorus and nitrogen as eutrophication factors*. Technical Report DAS/DSI/68.27. Paris: OECD.

144. Vörösmarty, C. J., P. Green, J. Salisbury, and R. B. Lammers. 2000. Global water resources: Vulnerability from climate change and population growth. *Science* 289:284–88.

145. Watt, K. E. F., ed. 1966. *Systems analysis in ecology*. New York: Academy Press.

146. Weathers, K. C., G. M. Lovett, G. E. Likens, and R. Lathrop. 2000. The effect of landscape features on deposition to Hunter Mountain, Catskill Mountains, N.Y. *Ecol. Appl.* 10:528–40.

147. Wessman, C. A., and G. P. Asner. 1998. Ecosystems and problems of measurement at large spatial scales. In *Successes, limitations, and frontiers in ecosystem science*, edited by M. L. Pace and P. M. Groffman. New York: Springer-Verlag.

第5章 行動と生態、そして進化

オリアンズ GORDON H. ORIANS

私はこの章で、現在の生物学の知識がどこまで到達しているのかを評価し、動物行動学の分野の研究者たちが直面している、主要な課題と機会を取り上げたいと思う。本書の編集者たちは私たちに「大胆に考察するように」と依頼した。その依頼に応えようとするとき、マーク・トウェイン（Mark Twain）の皮肉たっぷりの観察を思い出す。いわく「科学の魅力的な点は、ほんのわずかな事実を投資するだけで、こんなに大量の推測が収益として戻ってくることだ」。ただし、想像上の可能性を理解できなければ、大切な洞察を逃してしまう恐れがあるだろう。

行動と生態の現在の関係や、行動と生態の進化上の関係についての研究のなかから主要な課題をあげようとするとき、私は選択的にならざるをえない。というのは、この分野があまりにも広く、あまりにも多くの課題が存在するからだ。そこで私は、細胞から生態系まで異なるレベルの生物の組織形態に焦点を当てている研究を、より統合的な研究にまとめていくうえで直面する、四つの課題を集中的に扱いたい。まず、ひとつの細胞である接合子（受精卵など）から成体になるまでの発生・発達過程を行動学的な視点から理解する、という課題を取り上げる。二番目に、生態システムの構造や機能が、個々の構成メンバーの行動からどのような影響を受けるのか議論したい。三番目には、行動がどのように進化過程に影響を与えるのかについて述べる。最後に、過去や現在の行動パターンに連なる出来事の推移がどのように確定できるのか検討してみたい。

この章の舞台背景は、ハッチンソン（G. Evelyn Hutchinson）による比喩で簡潔に表現できる。つまり「生態という劇場で、進化という演劇が上演される」のだ。[29] 進化という劇を演じる俳優はもちろん、さまざまな行動をとる。生態システムの特質の大半は、お互いに相互作用しあう無数の個体の行動と、それらを取り巻く物理的な環境のもたらす結果だ。根本的な意味で生態学は、生態システムの構造と機能に対して行動がどのような結果をもたらすのか、そして、それら複雑なシステムが、進化していく行動の性質にどのような影響を与えるのかを確定する科学だと言える。

私が述べたことは今日、平凡でごく当たり前のことのように見えるだろうが、実は二〇世紀の大半において動物行動学は、生態という劇場に十分な注意を払ってこなかった。原因のひとつは、行動学研究の目的の多くが人間の行動の理解にあったからだ。動物は、人間に対しては禁じられているような操作ができるので、人間の代理として使われていた。人類が霊長類を祖先として進化してきたことは明白だったにもかかわらず、何十年もの間、社会科学で支配的だった考え方は、人類の行動は人類の遺伝的背景には影響を受けないというものだった。人間社会を特徴づける複雑な社会的基盤のなかで個人が成長し、成熟していく過程でどんな経験をするのかを研究することにより、人間の行動の一般的なパターンやその多様性の原因が探究できると考えられていた。

このような枠組みのなかでは、生態はほとんど何の役も演じない。むしろ、学習に関する一般的な法則が広く探求された。しかし、そういった研究は失敗した。失敗の主な原因は、研究の過程で、生物の生活における豊かで多様な学習の役割を考慮しなかったからだった。

一九六〇年代になって初めて、生物が特定の問題に直面したときの反応として、学習がどんな役割を果たすのかを解明するために、実験が行なわれた。革新的な研究の一例は、ガルシア（J. García）とケーリング（R. A. Koelling）による、ネズミがある行動を避けるように学習させるという実験だ。[21] 実験のなかでネズミは水を飲むとき、味覚刺激と視聴覚刺激の両方を受ける。水を飲み終わった段階で、半分のネズミはX線照射により病気にされ、残りの半分は電気ショックを与えられる。その後、ネズミたちはのどの渇いた状態にされ、味覚刺激か視聴覚刺激のどちらかをともなって水を飲む機会が与えられる。X線で病気にされたネズミは、以前と同じ味覚刺激をともなう場合には、水を飲むのを避けた。しかし、視聴覚刺激をともなう場合には、水を飲んだ。一方、電気ショックを与えられたネズミは、視聴覚刺激をともなう場合は水を飲まなかったが、味覚刺激をともなう場合は飲んだ。

ガルシアとケーリングは、この実験結果を次のように解釈してみせた。「化学物質に対する受容体は、すぐに体内の環境に組みこまれるような物質のサンプルをとり、質を試す。そのために自然選択の過程で残ったのは、味覚や嗅覚を手がかりにして内的な不快感と関連づけられるようなメカニズムだったのだろう」[21]。

彼らは実験の結果は、個体の生存のためにつくられたメカニズムや行動の帰結だと解釈し、そういった行動パターンはある程度、遺伝的背景を必要とすると考えた。

ガルシアらの実験結果と解釈が三五年前にいかに革命的だったか、遺伝的要素が複雑な学習パターンに影響を与えていることを疑う動物行動学者がいない今日では、想像するのも難しいだろう[77]。私たちは短い間に、ずいぶんと長い道のりを進んできたのだ。興味深いのは、今日の科学界において、こういった考え方に対する唯一の抵抗が、人間の行動に対する遺伝的背景の影響についてだけあるという点だ。

一方、生態学者は、動物行動学と相反する関係をもっていた。行動生態学はつねに生態学のなかの重要な要素ではあったが、個体群生態学者は、行動生態学研究の豊かな成果を比較的少ししか利用してこなかった（ただし、次のような研究もある〈20〉〈38〉〈80〉）。そして、生態学者が複雑な生態系の機能のパターンに関心を向けるようになるにつれ、動物や植物の行動に関するデータへの関心はどんどん薄れていった。米生態学会（the Ecological Society of America）の総会でも、行動生態学の論文はどんどん減っていった。そこで行動生態学者たちは彼ら自身の学会をつくり、独自に会合を開くようになった。

生態学のなかで行動生態学が衰退した原因の一部は、行動に関するデータを生態系機能のモデルに組みこむのが難しいという点にある。複雑なシステムのモデルは、システムの主要な特徴について理論分析やシミュレーション分析がしやすいように、細部については犠牲にせざるをえないからだ。個体の行動、あるいは種の行動ですら、そういったモデルではよく、犠牲の対象とされてきた。種ごとの行動についての情報が不足しているのも一因だが、同時にそれは、行動生態学者たちが最近になるまで、個別の行動を記述するために発展させてきた行動決定のルールがもっと広い意味で生態に影響を与えうるということに注意を払ってこなかった、という事実も反映している。

したがって一般的に言えば、行動学と生態学、進化学の分野の研究者が直面している主要な課題のひとつは、生態という劇場や、そこで上演されている進化という劇を演じる俳優たちを、もっとまとめるような強力な手法を見つけることだ。この課題について記す前に、行動学における複数のレベルの課題を明らかにするうえで必要な、行動学研究の概念的な枠組みを整理しておきたい。

行動学研究のための概念的な枠組み

毎年、春先になると、メキシコシティーの西の高山で冬を過ごした何千匹ものオオカバマダラが米国南部に移動してくる。そこで交尾し、卵を産み、そして一生を終える。次世代のオオカバマダラたちはさらに北に向かって飛び、そこで卵を産み、一生を終える。次の世代のなかで生き残ったチョウは、南のメキシコの山に向かい、越冬する。この移動を行なった個体は、前年に同様の移動をした個体と三世代離れている。[4] 彼らはいったいどうやって自分たちがとるべき行動を知るのだろうか?

何年も前にティンバーゲン(Nikolaas Tinbergen)やマイヤーが指摘したように、行動に関する疑問は主に二つのカテゴリーに分類できる。[46、81] ひとつは、行動の直接的な原因、つまり行動の基礎にある遺伝・発生的なメカニズムや、感覚や運動のメカニズムなどだ。環境的な刺激を感知する神経のシステムや環境の刺激に対する応答性を調節するホルモンのシステム、自己と非自己を識別する免疫システム、反応を起こす骨格と運動のシステムなど、実際に行動を起こす手段がこのカテゴリーに入る。もうひとつのカテゴリーは、行動の根本的な原因だ。そのなかには、現在の行動が生じるまでの歴史的な道筋、つまりある習性の起源から現在にいたるまでの進化の過程で起きた出来事や、ある行動習性を生みだした自然選択の圧力、つまり過去や現在の行動が進化上の適応にどのように貢献したのかといった側面も含まれる。

生命の進化は四〇億年前に始まり、今も進行しているプロセスだ。このため生物学は、ディケンズの『クリスマス・キャロル』の主人公スクルージの心の世界のように、お化けに満ちた世界だ。過去の捕食者のお化けや過去の寄生者のお化けがいるし、過去の競争相手や過去の同種の仲間のお化け、過去の干ばつや台風、火山の噴火、流星のお化けもいる。お化けのなかには、大昔の出来事に由来するお化けもいれば、比較的最近の出来事に由来するものもいる。こういった進化的なお化けの正体やその起源、現在への影響を確定するのは難しい。行動と生態の関係に関する研究の主要な課題は、どのようにお化けの正体を確認し、特徴を割りだし、解釈するかだ。

環境は生物個体に情報を提供する。その情報が生物から適応的な反応を導きだす「知識」となるには、生物個体のなかで、情報とそれに対する反応の間の関係が、きちんと確立されていなければならない。生物は体内に情報のモデルを形成することにより、情報と反応の関係を確立する。そのようなモデルは、その起源から現在にいたるまで、生命そのものを特徴づけてきた。多くの生物の系統のなかで、モデルの複雑性と、生物個体が扱える情報の種類や量の複雑性は増加してきた。

外の世界に関する体内モデルが進化する過程は、ベイズの法則＊にしたがっているように見える。つまり、自然選択の影響を受けて進化する神経システムが、世界の状態について演繹的な予想を体系化するような体内モデルを発展させていくのだろう。[54] 生物個体は、そういった演繹的な予測を使って、入ってくる情報の重要性を判断し、その重要性に応じた反応をする。その反応の効力をつねに審査しているのが自然選択だと言える。もちろんこの過程は生物個体が自覚している必要はない。（認識していてもかまわないが。）私たちはたんに、動物は、反応があたかもベイズの法則にしたがった進化の過程を通して形成されたかのようにふるまうと想定すればいいだけだ。自然選択の結果が演繹的な予想を使って環境に反応する生物につながっているとすれば、ベイズ統計が科学者の間でますます使われるようになっている傾向は非常に適切だと言える。

＊**ベイズの法則（定理）**――統計学で使われる確率の基本的な定理。ある事象が起こる確率をあらかじめ求めておき、それが原因で、ほかの事象が起こる確率を計算する方法。たとえば、同時に起こらない原因A、Bが起こる確率をそれぞれa、bとし、事象Xが、原因A、Bにより起こる確率をc、dとしたときに、Aが原因でXが起こる確率Pは次のようになる。$P = ac/ac + bd$。この法則は、事象が多くても成り立つ。

生物が思いのままにできる知識は、感覚器とその背後にある計算システムによって提供される、情報の質と量に限定される。[43] 四〇億年近くにわたって、生物は驚くほど感覚器の能力を進化させてきた。地球上に生命が誕生して以来、進化しつづけてきた化学センサーは、いくつかの種においては、量子力学的な限界に達するまで完璧に近づいている。つまり、それらの種のセンサーは、一分子を探知することもできる。たぶんバクテリアの光に敏感な部分から始まったであろう光受容体は、量子力学的な限界には達していない。もっとも視覚的に鋭敏な目は、たぶんワシの目だろう。非常に印象的な能力をもってはいるが、現代の望遠鏡の能力にはおよばない。聴覚受容体もすばらしい能力をもっているが、音波が本来もっている性質のために、コウモリの超音波を利用した聴覚を例外として、一般的にはどこで音がしているのかより、どんな音がしているのかをより正確に把握するようになっている。電気を発生する生物はたくさんいるのに、電磁気レーダー的な感知システムが進化してこなかったのもおもしろい〈43〉。

生物が保有する知識の限界は、その知識を受け取り、維持するためにかかるコストと、その知識から得られる利益、その両方に反応しながら進化の過程でつくられてきた。個別の生物の特徴は、そういった利益と必要コストの関係に独自性があるゆえに進化してきたとも言える〈23〉。

知識に対する費用と利益をみるアプローチ法は、遺伝的要因、発達過程における要因、成体になってからの学習、そして社会文化的な学習という、四つの構成要素からなる枠組みに支えられている〈62〉。この四つの構成要素における進化のプロセスは、事象の発生頻度に対する感受性が大きく異なる。遺伝子変化が進化的適応に結びつくかどうかは、生物の一世代の長さにより時間的に制約を受ける。一世代の時間の長さに対して比較的低い頻度で起こる事象に対してだけ遺伝子変化は感受性をもち、高い頻度で起こる事象に対しては反応することができない。ほかの三つの構成要素においては、高頻度で起こる事象が生物の適応度に影響を与えるという意味で、高頻度に起こる事象はメカニズムの進化をもたらす自然選択の要因となる。発達上の要因や成体の学習は、生物の一世代の長さに制約を受けず、より高頻度にやってくる情報を処理し、反応することができる。そしてもちろん、社会文化的学習はもっと速く情報を処理できるが、人間の文化的な保守性を見ればわかるように、必ずしもそうするとは限らない。

四つの要素におけるプロセスは、遺伝的な要因の影響を大きく受けている。発生・発達の過程で実際に展開するたくさんの道筋は、ある生物の遺伝子型と、それが遭遇する環境の両方の作用によりつくられる。学習は明らかに環境的な要因に大きく影響を受けるが、それでも一般的に「遺伝的にプログラムされた学習」と呼ばれる現象が示すように、学習の吸収能力や、多様なことを学ぶ傾向があるかどうかは、生物の遺伝子型により左右される〈64〉。

遺伝子のシステムは情報獲得の速度がいちばん遅い。しかし、いちばんエラー発生率が低く、もっとも信頼のおける一時的な記憶装置であり、しかも代謝に費用がかからない。ほかの三つのシステムはもっと速く反応するが、標本抽出や記憶の過程でもっとエラーが起こりやすい。免疫システムは自己と非自己を根本的に識別するために進化してきた。免疫システムのとった戦略は、次々と起こる問題に対して、解決策がたくさんあれば、そのうちのひとつが適応するだろうと期待して、さまざまな解決策を何層にも積み重ねる、というものだった。主要組織適合複合体（major histocompatibility complex：MHC）遺伝子はもともとは病原体に対する防御策の一部として進化してきたのかもしれないが、その後、何種類かの動物では、同類かどうかを識別するための目印として進化してきた。

人間やマウスのＭＨＣ遺伝子には、五〇もの異なる対立形質があり、ひとつの個体群のなかでも、個体により異なったＭＨＣの遺伝子型をもっている。マウスの実験で、この対立形質の差が、個体の体臭に影響を与えていることがわかった。同系交配されたマウスは、ＭＨＣ遺伝子だけしか違いがない個体を識別することができた。そういったマウスだけでなく半自然状態で飼われたマウスも、自分と異なるＭＨＣ遺伝子をもつ個体と交配することを好むという。〈63〉こういった識別の機能は、同系交配を避けることかもしれないし、免疫能力を強化することかもしれないし、急速に進化する寄生者に対して有利になるような、珍しい遺伝的形質を供給することかもしれない。〈59〉

神経システムは新しい情報に対してもっと速く反応することができる。伝達エラーが起こる可能性は高いが、厳密さにおいてエラーが起こる頻度は低い。そして、代謝的な費用が非常に高くつく。より多くの情報を速く記憶する中枢神経系は、より複雑で費用がかかるようになる。体重の二%を占めるにすぎない人間の中枢神経系は、代謝エネルギーの二〇%を消費している。

生物学における費用と利益の会計計算は、適応度の単位で行われる。知識システムの費用のなかには、わずかではあるが遺伝暗号が使うエネルギーや、知識獲得と知識の記憶システムを構築し、維持するためのエネルギー、情報を得るためにかかる時間的なコスト、そして情報獲得にともなうリスクが含まれる。私たちは驚くべき学習能力をもった生物ではあるが、しばしば学習の対価を低く見積もりすぎている。情報獲得は危険な場合もあるのだ。「好奇心もほどほどに」と言われるではないか！

実質的な機会費用は、知識システムと関係がある。なぜなら、そこにつぎこまれた時間とエネルギーはほかに利用できなくなるからだ。たとえば、車の運転の学習には集中力が要求され、練習の最中には会話も、そのほかのことをするのも難しい。しかしひとたび運転を学習し、それが習慣になってしまえば、運転するという行為についていちいち考える必要もなくなる。この事実は昔から認識されてきた。だからホワイトヘッド（Alfred North Whitehead）は一九一一年にこう書いている。「何をしているのか考える習慣をつけようと、書き方の手本集や有名人のスピーチで繰り返し言われるが、これは根本的なまちがいを含む『自明の理』だ。その正反対が正しい。私たちがいちいち考えなくても行なえる操作の数が増えることが、文明の進展だ」〈91〉。

知識の獲得や記憶のシステムに投資する利益は、環境の情報によりよい反応ができるようになることだ。適応度を強化するような行動をとろうとするとき、情報の重要性や時間枠によって反応は大きく異なる。すべての情報を同じように扱うのはアカデミズムにおける誤った考えだと、大学教授たちはしばしば糾弾されるが、それを根拠のない批判だということはできない。少なくとも私たちが作る試験問題の内容はしばしば、ささいな情報と重要な情報を識別するのに失敗しているようだ。自然選択は一貫してそういった過ちを避けてきた。

利益曲線の形は、情報の種類と、解決すべき問題によって大きく異なる。共通した形はS字型だ。つまり、少ない知識はあまり価値がない。事実、少ない知識は危険でもある！　しかし、知識量が増えればそれにともなう価値は、漸近線に達するまで急速に増える。少ない知識が物事をはっきりさせるより混乱を招く場合や、機会費用が非常に高い場合などは、利益と知識の関係はS字型で表わせるだろう。平均的な環境が連続的な測定により推定できる場合や、知識獲得のリスクが少ない場合には、指数関数的に減少する利益カーブが存在するかもしれない。行動研究における主要な課題のひとつは、多彩な問題解決の行動について、費用と利益のカーブの形を確定していくことだ。

もし費用と利益のカーブの形が特定できれば、ある生物体がもつべき知識量の均衡点を予測するために価格対利益モデルを使うことができるだろう。このモデルはまた、なぜこんなに少ない種類の生物体しか量子力学的限界に達した化学的感覚のシステムをもっていないのだろうかという疑問や、ワシのような目をもつ生物が少ないのはなぜだろうかといった疑問に取り組むのを助けてくれるだろう。原則を述べるのは簡単だが、二つの難しい課題が残っている。ひとつには、生物体が解決すべき特定の問題と関連づけて、カーブの形を推測し、検証し、そして修正しなければならない。もうひとつには、多くの場合は表現型に限定されている価格対利益のモデルに、遺伝的要因や親の影響を組みこまなければならない。

ここで私は、複数のレベルにまたがった四つの課題について触れたい。

接合子から機能する成体へ——生物はどのように正しいふるまいをするようになるのだろうか?

個々の生物は、餌を探したり子どもを産んだりするための生息地を選び、食べ物の種類や避難所となる場所を選び、捕食者や寄生者を避ける方法を選び、そして遺伝子を分かちあって、子孫を残す相手を選ぶ。こういった行動の大半はお互いに時期的に両立しないので、生物はいつ、どんな行動をとるか決めなくてはならない。たとえば、求愛行動と餌を食べることは同時にできないだろう。すべての決定はトレードオフ関係を考慮して行なわれており、自然選択がそのトレードオフに決着をつける要因だ。

トレードオフの潜在性を研究するにあたり、しばしば最適化という枠組みが使われる[42、45、79]。典型的なアプローチ法は、ある動物の行動における生物的限界を調べ、特定の目的を最大限に達成するような戦略を予測する最適化モデルにその限界を組みこむというものだ。特定の目的というのはたとえば、ある時間内の食糧採取で得られるエネルギー量を最大にする、捕食者のリスクと餌取りの間のトレードオフ関係のバランスをとる、長期的な食物供給の増減のリスクを防ぐ手立てをとるといったことだ。最適化の戦略を予想したら、次はそれを、実際の観察実験の結果と比較する。

一例として、ハゴロモガラス（red-winged blackbird）について考えてみよう。ハゴロモガラスが餌を探している最中に、潜在的に餌となるものに出会ったと想定しよう。適切な反応をするには、まずハゴロモガラスが出会ったものが何であるかを識別し、その栄養価や、それを捕まえるために必要なエネルギー量、それを捕まえて食べるまでにかかる時間などを算定し、捕食者や競争者がいないかどうかも調べなくてはならない。鳥の反応は、その時点でどれぐらい空腹か、周辺の環境にほかにどんな食物がどれぐらいあるかも考慮して決まる。最適化理論による食糧採取の方程式は、その鳥がエネルギーを最大化したいのか、あるいは時間効率を最短化したいのかによって、それぞれ明確なアドバイスを導きだす。エネルギー最大化や時間最短化という目的関数は、食糧採取モデルでよく使われる。[5]

理論行動生態学の文献は、同じような多くの問題に明確な解決法を与えてくれる。しかし、相互作用するこれほどたくさんの要因を考慮し、バランスをとる能力が遺伝プログラムに書きこまれていると想像するのは難しい。明らかに、遺伝子には固定的な反応ではなく柔軟な反応がプログラムされているのだろう。しかももっと少ない情報でそこそこ効率的な反応を生みだすような、経験則や近似値を利用できる仕組みがプログラムされているのだろう。[79] しかし、上記のような仮説は、柔軟性が「正しい行動をとる」ためにどのように使われるのかというメカニズムについてはほとんど解明していない。[17]

そのような問題が存在することは、約五〇年前から認識されていた。[86] ワディントン（C. H. Waddington）は、ひとつの遺伝子型が複数の表現型に対応しているという事実と、表現型がほとんど同じ個体が驚くほど異なる遺伝子型をもっているという事実が両立するのは、どのような遺伝子の指令が働いているからだろう、という点に関心があった。彼は、進化上の分岐の柔軟性と厳密性の両方を同時に説明するような、適応と遺伝のメカニズムはまだ提唱されていないと指摘した。この問題は今もまだ残っている課題のひとつだ。[67, 65]

表現型の柔軟性

ワディントンは、発生・発達とアロメトリー（生物が成長して大きくなるにつれ形の比率が変化すること）を可塑性に結びつけて考えるときにジレンマを感じていた。そのジレンマを解決しようとする最初の試みは、さまざまな環境に置かれた、ひとつの遺伝子型がとりうる発生・発達の道筋がどれぐらい広範囲にわたっているのかという、発生・発達上の反応の典型的な行動様式に基づいたものだ。[74] 生物がある環境に遭遇したときに「正しいレバーを引く」ように、発生・発達上の反応の典型的な行動様式に自然選択が働くと考えられている。シュリヒティング（C. D. Schlichting）やピグリウチ（M. Pigliucci）らが提唱しているように、この概念には遺伝的同化が含まれているが、それが一般的な概念に必要な構成要素だというわけではない。むしろ欠かせない要素は、可塑性の統合、つまりある形質における変化とほかの形質の変化の釣り合いがとれるようになることだ。可塑性の統合という事象の正体を見きわめる方法はまだ見つかっていない。

発生・発達上の反応に典型的な行動様式があるという仮説はさまざまな興味深い疑問を明らかにしてくれたが、そのうちのいくつかは、実験で解決できるだろう。しかし、一羽の鳥がたくさんある選択肢のなかから、どのように適切な餌食を選びだせるのかを理解できるようになるまでには、まだまだ長い道のりがある。分子生物学の目をみはる成功の陰に隠れて目立たないが、要するに表現型の進化に関する私たちの理解はまだ浅いのだ。[56] したがって、行動学者や進化学者が直面しているもっとも重要な課題は、生物体の柔軟でかつ適応的な行動が、どのような発生・発達のプロセスを経て進化してきたのかを説明することだ。

人間の行動の発達

もちろん私たちは、自分自身の行動にとくに関心がある。人間の行動はほかの生物の行動の分析よりも、やさしくもあり、難しくもある。やさしいというのは、私たちはほかの種の生物より人間に対して、より多様な質問をすることができるし、言語も含めてより多様な答えを記録することができるからだ。難しいという理由はたくさんある。たとえば、言語による回答は解釈が難しいことはよく知られているし、虚偽や自己欺瞞といった問題を制御しなければならない。倫理的な配慮から行なえる実験には制約があるし、人間の行動は非常に複雑で、しかも私たち自身を客観的に観察すること自体が難題だ。宗教的、そして政治的な因習も、私たちが人間の行動を理解しようとする試みにつねにつきまとう。進化論的な視点は、深く信じられている多くの信仰に挑んでいる。[11、14]

それでも、人間の行動の進化的なルーツをよりよく知りたいという要求は大きい。これまでの歴史のなかで、きわめて進化と無縁だった医学においても進化的な視点が大きなインパクトを与えつつある[18、50]。その影響がもたらした変化は、病原体の進化についての新しい見方から症状の意義づけやその治療法、そして病院の部屋のデザインにまでおよぶ[82、83]。

生物地球化学的なサイクルや環境汚染、生物種の絶滅、生息地の分断化、そして景観の変化などが人類に与える影響の大きさを考えると、こういった劇的な環境の変化の結果生じる行動の基礎について、緊急に理解を深める必要がある。自然にかかわることは、人びとにいろいろな意味で強く刺激を与える。この強力な感情は、私たちの自然に対する反応の仕方や問題への対処の仕方、そして私たちがそれを気にかける理由などに影響を与える。人間の環境に対する見方や反応は、象徴的な意義の複雑な結びつきや、文化的な記憶のなかに埋めこまれている[73]。この複雑性のために、私たちの環境への反応に対する、文化的な影響と進化による影響を区別するのは難しい。しかし、その分野で大きな進展を生んでいる研究テクニックは存在する。

ひとつのアプローチは、感情的な反応が人間の決定に大きく影響を与えるという事実に基づいている。進化生物学者は、感情的な反応は、適応度を高めるような反応を促進するように進化すると考える。たとえば、私たちの祖先のなかで、食事やセックスを楽しまなかった人びと、つまり食物やセックスの相手を探し求めなかった人びとの遺伝情報は、食事やセックスを楽しんだ人びとの遺伝情報よりも、少ししか子孫に受けつがれなかっただろう。同様の議論は、環境条件の劣った場所に住んだ人びとにも当てはまる[55]。

人間の自然に対する反応は、生物に嫌悪感を示すようなものも、生物愛に満ちたものも、両方ある[93]。おもしろいことに、生物に嫌悪的な反応のほうが、好意的な反応より実験で実証しやすい。前向きな反応を引きだすように条件づける実験は嫌悪感を引きだす実験より、一般的に難しいからだ。環境心理学者たちは、どのような刺激が恐怖心の獲得や保持に影響を与えるのか、興味深い洞察を提供する実験を行なってきた。そういった実験では通常、ヘビやクモといった恐怖心と関連するようなスライドに引き起こされる嫌悪的な反応と、幾何学の図形のように恐怖心とは関係のないものに対する反応が比較される。反応はふつう、心拍数や皮膚の伝導性など、自律神経系の反応を見る指標で評価される。

こういった実験の多くはスカンジナビア諸国で行なわれたものだ。一般的な結果として、恐怖と関連した刺激に対して引き起こされた反応は、恐怖に中立的な反応で引き起こされた反応より、つねに反応が消えるのに時間がかかる〈41〉。研究者たちはこの結果が事前に受けた文化的な影響によって生じたのではないことを示すために、ヘビやクモに対する恐怖の反応と、もっと危険で、現代文化では強力に恐怖と結びつけられている、ピストルやほつれた鉄条網のような刺激に対する反応を比較した。ピストルなどに対する嫌悪的な反応は、ヘビやクモに対する反応よりも速く消えた〈8、28〉。しかも、たんに被験者に「ショックを受けるよ」と言うだけで、恐怖と関連がある自然の刺激に対する嫌悪的な反応を身につけさせることができた。恐怖と関連がない自然の刺激に対しては、「ショックを受けるよ」と言っても、嫌悪的な反応は生じなかった〈27〉。

進化的な観点でもっと印象的なのは、「バックマスキング」と呼ばれる実験の結果だ。この実験では、ほかの刺激のスライドによって隠される前に、恐怖関連刺激のスライドを一五～三〇ミリ秒（千分の一秒）だけサブリミナルに見せる。被験者たちは、自覚して恐怖刺激のスライドを見ていないにもかかわらず、ヘビ

やクモを含んだスライドを見せることにより、強い嫌悪反応を引き起こすことができる。[52、53]

こういった目をひく研究は、多様な側面をもつ人間の行動生態に関する研究のひとつの構成要素にすぎない。私たちはまだ上っ面をなではじめたにすぎないのだ。生物多様性や景観のパターン、そして花などに対する私たちの反応については、まだまだ研究しなければならないことがたくさんある。[55] 私たちは、自然のなかでの経験が元気を回復させてくれることを知っている。しかし、そのメカニズムはまだわかっていない。[31、57、84、85]

生態系の構成や機能に行動がどんな影響を与えるか?

個体群の規模の成長率は、天候や同種の生物、捕食者、寄生者などの存在によって変わる、多くの個体の生殖行動の結果として決まる。個体の行動は生態の群集の構成に大きな影響を与える。こういった明白な真実を述べるのは簡単だが、個体の行動がもたらす生態への影響を個別に解明していくのは、くじけそうになるぐらい大変な仕事だ。私は、行動生態学の構成要素のなかで、生態への影響がこれまでもっともよく研究されてきた、食糧採取と生息地の選択に焦点を絞りたい。この二つは、行動学と生態学を統合するために役立つアプローチ法を示してくれる。

食糧採取と生態群集の構造

個別の種の生態について研究する個種生態学において、最適食糧採取理論は数十年にわたり広く使われ、成功してきた〈79〉。しかし、競争や捕食、相利共生、栄養の動態といった、生態学的な関係に注意が向けられるようになったのはつい最近のことだ〈1、89〉。標準的な競争関係や捕食者―犠牲者関係の方程式のなかで想定されているような競争者や捕食者、そして犠牲者は、興味深い行動が欠けている。超個体群の動態についてのモデルの大半は、個体が分散したり新しく入ってくる率を一定だと仮定しているが、適応的な分散や新入を考えると、個体群の動態について異なった予想が導かれる〈20〉。

捕食者は多くの決断をしている。どこで餌を採取するか、どの餌食を追いかけて捕まえるか、どれぐらい食べるか、採取場所をいつ移動するか、最適ではない条件の食糧採取場所を無視してもっといい条件の場所を探しつづけるかどうかなどについて、決断している。彼らは、ある種の餌食と出会う確率を高めるために、ほかの種類の餌食と出会う確率を犠牲にするような狩猟の形をとっているかもしれない。鳥類学者と両生類学者が同じ環境を見ても、目をみはるほど違ったものを見ているのだ! 複雑な構造をした環境において特定の構造要素に集中できるように、彼らは異なる研究形式を使っているかもしれない。ある種の個体は、餌食を探したり、隠れ場所から追い立てるためにほかの種の生物を習慣的に利用している。たとえば軍隊アリに依存している、軍隊アリを追う鳥（army-ant-following bird）のように、ある種の生物は、ほかの種の個体の活動にあまりにも強く依存しているため、ほかの種なしでは生存も生殖もできない。

生物学者は、多様な環境における食糧採取者の複雑な行動がもたらす本当の生態学的な影響について、ようやく研究を始めたところだ。個体の行動が個体群のダイナミクスや安定にもたらす影響について、理論的に研究したのがフリクセル（J. M. Fryxell）やランドバーグ（P. Lundberg）だ。[20] ベロフスキー（G. E. Belovsky）は、草食動物は資源を求めて競争するのだろうかという、生態学で大きな論争になっている問題について調べるために、さまざまな大きさの草食動物による食糧採取の線形プログラムモデルを使った。[2、3、25] 彼の分析は、異なる種の植物の最低限の消化性や、食べる速度を決める食糧の大きさや入手しやすさ、動物の消化能力、消化管の回転率などによって、食糧採取行動に制約が課されるという考えに基づいていた。フィールドにおける観察とともに彼の分析は、草食動物の群集の構造は、食糧採取行動とそのために必要なエネルギーに大きく影響を受けているだろうと示唆している。

実験結果は平均して理論による予想とあっているが、食糧採取についての大半の実験から、動物が最適条件にぴったり適合する行動をとることはほとんどないとわかった。むしろ彼らは、非常に多様な行動をとる。[87] これまで検証されてきた最適化モデルはすべての個体が唯一の最適化戦略を採用するだろうと想定してきたために、多様な行動があるという事実は悩みの種だ。多様な行動が存在する理由についてのひとつの説明は、そういった多様な行動は、すべての生物的なプロセスを特徴づけるいくつかの「予想される価値」のノイズにすぎない、というものだ。しかし、高い適応度に対する「奨励金」は最適な行動をとることと結びついているため、もっと少ない多様性しか想定されないはずだ。

もうひとつの説明は、そういった最適化モデルが単純すぎる、というものだ。モデルは行動のひとつの構成要素に焦点を当てているが、実際に自然のなかで複雑な決定を下さなければならない動物が置かれた状況では、十分に情報を得たうえで選択を下すような余裕はない。この観点から提唱された解決策は「最小限の条件を追求する」というものだ。つまり、差し迫った必要が生じるたびにそれを満足させるように動物は行動するという考えだ。〈78、88〉しばらくの間、この考えは非常に説得力があった。しかし今では広く否定されている。というのは、最小限の条件を追求する行動は、進化的にはあまり安定した戦略には見えないからだ。

三番目の説明は、動物は進化的に獲得してきた形質により制約を受け、理論的に最適だとされるような適切な行動がとれない、というものだ。〈78〉たとえば、表現型や遺伝子型による制約から、捕食者に対抗する適切な行動がとれない場合があるかもしれない。この視点は、どのような制約が非効率的な行動を生んでいるのかを研究することにより有用な知見が得られるだろうと示唆している。

最近、多目的プログラミング（multiobjective programming；MOP）と言われる、過去数十年にわたって開発されてきた技術が、行動の多様性の研究にとり入れられ、新たな洞察を提供している。〈7〉多目的プログラミングの鍵となる考え方は、矛盾した目的の間のトレードオフを含む最適化問題に対して、非支配的あるいは効率的な一組の妥協策から派生したものだ。ある解決法が非支配的あるいは効率的だというのは、少なくともひとつ以上のほかの目的への貢献度を下げることなしに、ある目的への貢献を上げるような解決策がほかに存在しない場合のことだ。たとえば、ある食糧採取者が捕食者のリスクを減らすために摂取栄養量を減らしたような場合に、それは非支配的解決策だと言える。逆に、支配的あるいは非効率的な解決策というのは、たとえば捕食者がエネルギー摂取率は上がらないのに捕食者の危険性が増すような食糧を選ぶ場合だ。多目的プログラミングの枠組みは、効率的な選択肢と非効率的な選択肢を識別する量的な方法を提供してくれる。このプログラミングによるモデルは、ひとつの戦略ではなく、たくさんの戦略が最適である状況も許容できる。

たとえばシュミッツ（O. J. Schmitz）らは、グランサム（O. K. Grantham）らが集めた、カタツムリが二種類の大型水生植物を採食するときのデータを、多目的プログラミングの観点から再分析した[24, 75]。グランサムらは実験のなかで、カタツムリのエネルギー最大化か時間最短化を達成するような線形プログラミングの方式を使って予測を立てた。個々のカタツムリの行動は非常に多様で、しかも予想に反して、ほとんどのカタツムリはエネルギー最大化も時間最短化もしていなかった。グランサムらは、カタツムリは最適化に適した食物以外の食物も部分的に選択するという、ほかの食糧採取モデルでは最適化におよばないとされる結果になったと解釈している。シュミッツらの多目的プログラミングによる分析では、時間とエネルギーのトレードオフに対して、多くの食物が効率的な妥協策となると示唆している。

この分析は非常に洞察に富んでいたが、なぜ個々のカタツムリが食物選択でこんなに異なる行動をとるのかは説明していない。食糧採取研究でよく観察される二種類の変動について理解を深めるために、さらなる実験が必要だろう。ひとつの変動は、予測された最適化から平均的な個体の行動がどれぐらいずれているのかという偏差だ。もうひとつは、個体の行動の時間経過にともなう変動だ。典型的な理論分析では、すべての動物は似ており、私たちが課した問題を同じように見ていると想定する。こういった仮定は、食糧採取理論研究の初期には不可欠だったろうが、それが、こんなにも長い間持続しているのは驚きだ[92]。ほかの分野、たとえば交配行動の研究者で、すべての個体は似ていると考え、行動の多様性を意味のないノイズとして取り扱う人はいないだろう！

ベイズ統計の視点が、ここで有用になる。[54] 実験において、個体は遺伝的にも、それぞれの経験からも、異なっていると想定されている。したがって、実験に対する多様な反応を予測するためには、形態的な情報と個体の歴史についての情報が一緒に組みこまれなければいけないと提案する。たとえばウィルソン（D. S. Wilson）は、あるクロマス科の魚（bluegill sunfish）の個体群のなかにおける個々の魚が、環境で起こる不測の事態に対して多様な反応を示すのは、形態的な多様性と行動的な多様性が関係していると示した。[92] 動物がどのように実験環境を見ているか、彼らの視点が時間とともにどう変化するか、そして、この多様性の遺伝的な基盤は何かといった点は、将来の研究において大きな課題として残されている。

生息地の選択

生息地選択の理論は食糧採取の理論と密接に関係している。というのは、大半の研究者は食糧資源の入手しやすさを生息地のいちばん重要な質として扱ってきたからだ。生息地の選択理論が考えられはじめた当初は、一種類の種の個体が、決断を下すのに十分な情報をもっていると仮定したうえで、個体の下す決定と、生息地の個体密度の関係を扱っていた。[19] これを、理想的な自由分布という。のちにその理論は洗練され、情報を入手するコストや、ある個体が異なる区画を使うようになる時間なども考慮されるようになった。これらの分析の興味深い結果は、ある区画の報酬構造に変化をもたらすようなものはなんでも、生息地選択に有利に働くという点だ。[69] 直接観察するのが難しい、複数の種の密度に依存した生息地選択を評価する手法も開発されてきた[71]。

ローラー（L. R. Lawlor）とメイナード・スミス（John Maynard Smith）は生息地選択理論を使って、競争と生息地選択の関係を研究した[36]。数学的に分析できるように、彼らは好みの区分が異なる二種が二区分を使うという前提で考えた。理論上の結論では、二種の間に競争関係がある場合、それぞれの種はそれぞれ別の一区画の専門家となる。競争関係がある場合の生息地選択を研究するうえで、強力に効果を発揮する図表化手段を「イソレグ（isoleg）分析法」と言う。ギリシャ語の等しいという意味の「isos」と、選択という意味の「leg」から名づけられた。イソレグは、その線上においては、ひとつの種の生息地選択における特徴が一定であるという、動物の密度空間における、一本の線のことだ[68]。

最初のイソレグ分析により、ローラーとメイナード・スミスの予測結果が正しいことが確認できた[68]。干渉的な競争を加えたそののちの分析は、驚くような結果だった。競争者がいる場合に劣位の種は、最適ではない生息地を選ぶこともあるというのだ[60]。ハチドリの野外観察で、この予想が正しいと確認された[61]。イソレグ理論から導かれる一般的な予測はすべて質的なものだが、生態系の相互作用が複雑なことを考慮すれば、生態系の群集構造の質的パターンを理解することは、価値のある研究目的だろう。

将来の研究における主要な課題は、どのタイプの行動が、人口動態と生態系群集の構造や機能にもっとも影響を与える適応的行動なのかを決めることだ。あらゆる形の干渉や縄張りは強く安定化に向かい、年齢や体の大きさによる餌の選択性は、人口動態にはたぶんあまり影響を与えないという、フリクセルらの理論からもこの研究の潜在的な豊かさがうかがいしれる[20]。私たちは、人口動態に加えて生態系の性質についても似たような分析を行なう必要がある。

行動は進化を促進・制約するだろうか?

進化の速度や方向に、行動がどのような影響を与えるのかについては、さまざまな意見が出ている。マイヤーは、異なる種類の行動は、進化において異なる役割を果たすと指摘した。[47]また、行動の変化によって引き起こされる新しい自然選択圧は、新しい生態的な地位（ニッチ）を獲得するのを助けるような、形態上の変化につながるかもしれないとも指摘した。行動は、主要な進化の進展を刺激する重要な役割を演じていると、彼は考える。

一方、行動の保守性は生物が環境変化に適切に適応するのを妨げる場合もあるだろう。とくに、もし過去の自然選択の影響が長期間残っているとすれば、それは真実だろう。生物の視覚システムの機能的な性質は非常に長く保存されていることが、多くの証拠からわかってきている。たとえば過去に存在した、捕食者の特徴や生態的に重要な生息地の性質を認識して反応する視覚的能力が、それらが現在はもう存在しなくなったにもかかわらず維持されている。[9、10]現在の交尾相手を選ぶ行動は、過去の世代の個体が交尾相手を選ぶときの反応に影響を受けているかもしれない。[72]したがって、形質に対する自然選択が弱い場合には、パターン認識の反応は何千世代もの間、持続するだろう。それにもかかわらず、もはや有利でなかったり、自然選択圧が弱くしかかからなかったりするような行動の特徴が、絶滅せずに残る原因について、私たちはごく部分的にしか理解していない。そういった難しさはあるが、現代的な手法により、行動が種分化の速度や形式にどのような影響を与えるのかを検討することができるようになってきた。

種分化には地理的な隔離が必要だろうか。このテーマは、一組の染色体を三組以上もつ多倍数性の生物の場合を除いて、進化生物学において長らく議論されてきた。同所性の種分化にとって大きな障害は、生殖などによって生じる遺伝子組み換えが、遺伝情報を均質化する効果をもつことだろう。異なる生息地に適応しているひとつの個体群の、二つの部分からとってきた遺伝子を定期的にかけ合わせることにより、異なる生息地で有利に働いたであろう遺伝子や遺伝子の組み合わせに対する自然選択が妨げられていると考えられる。種分化のメカニズムにおいて遺伝子組み換えによる均質化の影響を補う要因を探そうとする試みのなかで、行動がしばしば検討対象になっている。研究者たちは、生息地の選択や交尾相手の選択といった行動により、同所性の種分化が可能になるのではないかと提唱している。

理論的な分析は、強力で多様なプロセスである性選択が、分離した個体群や間接的な接触しかない個体群における迅速な種分化を促進しているのかもしれないと示唆する〈34、90〉。この考え方は、鳥においては、同じ年齢だと推定される一夫一婦制の系統より一夫多妻制といった複婚制のほうが種の多様性が多いことからも、的を射ていると言えるだろう〈48〉。ただし、このパターンを一般化するには、もっとたくさんの系統発生学の研究が必要だ。

理論分析はまた、自然選択がある程度強く、生息地選択や生息地以外の選択による交配と関係する遺伝子が個体群のなかにある程度広まっている場合、生息地への適合度が強ければ同所性種分化に有利であると示唆する。たとえば、ジョンソン（P. A. Johnson）のグループがつくったモデルは、生息地の選択に誤りがないと仮定すれば、生息地の好みによる選択で交配が起こるとき、生息地選択に関係する遺伝子と、生息地への適応度に関係する遺伝子が結合する。〈30〉しかしこのモデルは同時に、もし生息地と関係ない選択による交配と組み合わされれば、生息地の選択は異種交配を排除することがありうることも示している。性選択が高い率で種分化を起こすか起こさないかは、どちらの性がより強力な選択の役割を果たすかによる。雄は、たくさん動きまわり、比較的分け隔てなく雌に求愛することにより、遺伝子の流れを促進する。より定住性があり、交配相手をより選別する傾向がある雌は、遺伝子の流れに対して障壁を生んでいる。〈58〉

生息地が隔離されている場合の同所性種分化モデルを検証するために、ショウジョウバエの個体群に分断選択*を起こすような実験がたくさん行なわれてきた。〈66〉実験から、原則的には同所性の種分化は可能であることがわかった。ただし自然の状態で、十分に強力な分断選択がつねに存在するのかどうかについてはまだはっきりしない。したがって、進化生物学のなかでもっとも長く続いている議論に決着をつけるには、野外において、創造的な行動学の実験が必要だ。

＊分断選択（分断性選択）——生物のある集団で、目の色や血液型といったひとつの形質について、二つ以上の最適値がある場合の自然選択。周辺環境が多様で、二つ以上の表現型がそれぞれ別の生態で有利な場合に起こる可能性がある。

何人かの研究者は、行動進化は絶滅が起こる頻度に影響を与えているだろうと考えるが、どのようにそれが起こるのかについてはまだ合意に達していない。ひとつの可能性として、性選択が絶滅の起こる頻度を減らすと考えられる。というのは、雌はより精力のある雄を選ぶことにより、性感染症に感染するリスクを減らし、子孫にとってよりよい遺伝子を獲得し、交配相手からより多くの支援を獲得しているかもしれないからだ[26]。あるいはむしろ、性選択は表現型の可塑性や自然選択圧への反応を制約するので、個体群の適応度を下げているのかもしれない[32、33]。

こういった推測を、観察によって検証するのは難しいが、大洋の孤島に新たな生物種が移入したような場合は、貴重な情報を提供してくれる。マクレイン（D. K. McLain）たちは、大洋の島に移入した、二種類の羽毛をもつ鳥と、単一型の羽毛の鳥の生存を比較した[40]。定着の成功率は、生殖活動と羽毛の色に関連がある、二色性の羽毛をもつ種のほうが低かった。この結果は、小規模なコロニーをつくった個体群が新たな環境に直面したとき、性選択は間接的に、それらの個体群が絶滅するのを促進するという考え方と矛盾しない。

過去から現在の行動パターンにつながる道

生物学者たちは、適応における行動の重要性や生態への影響を研究するだけではなく、現在の行動レパートリーが進化してきた歴史的な道筋にも興味をもっている。ただし行動は、化石の記録にほとんど痕跡をとどめないため、研究の進展はゆっくりしていた。生物が穴を掘ったり、泳いだりすることが最初にできるようになった時期を決定するために、化石による証拠が使われてきた。化石の足跡から、走るスタイルや速度が推測されてきた。何種類かの恐竜は洗練した子育てをしていたらしいことが、化石の証拠から強く示唆されている。大きさと羽の特徴による性的二型性から、求愛行動をする場所に集まって交配相手を選ぶシステムが、もっとも初期の鳥の一種、孔子鳥（Confuciusornis sanctus）から始まったのかもしれないとみられるのも興味深い〈44〉。

こういった成功例にもかかわらず、行動の進化についての理解をもっとも進展させる触媒的な作用をもたらしたツールは化石ではなく、系統発生から推論するという強力な手法だった〈15、16、22、37、94〉。妥当な系統発生があれば、研究者は祖先の形質の特徴や異なる行動形質が進化してきた回数、行動における進化的変化の起こりやすさや速度、そして行動進化に対する制約について推測できるだろう。

もちろん、系統発生的な分類による手法を使うにあたっては、思いがけない落とし穴もある。すべての系統発生論は、新たな証拠が見つかればひっくり返されるかもしれない、進化的な関係についての暫定的な仮説だ。非常に異なる系統発生の解釈が、実は、ほとんど同じ現存のデータをわずかに使って解釈したものだったということがよくある。それにもかかわらず、暫定的な系統発生論は役に立つ。というのは、形質の歴史を解釈するために使えるだけでなく、感度分析により、異なる系統発生の解釈が形質の歴史についての解釈にどのように影響を与えるのかを調べることもできるからだ。

進化のパターンを系統発生学を使って推論するにあたり、二番目の問題は、複数ある手法のどれを使うのがもっとも適切かを決めなければならない点にある。ひとつのアプローチは、共通の祖先から進化した種の種類が多い生物群（分岐群）について、メンバーの種が共通にもっている形質を特定し、それが、同系統のなかで分岐群が生まれる頻度にどれぐらいの影響を与えたのかについて議論するという方法だ。二番目のアプローチは、同じランクの複数の分岐群について、多様性や形質の価値について比較する方法だ。三番目の手法は、形質や多様性が異なる、姉妹関係にある分岐群について比較するというものだ。

どの手法を使うかによって、答えも変わるかもしれない。たとえば、ムアーズ（A. O. Mooers）たちが族レベルの分析を行なったところ、コロニーを形成するかどうかと種分化の速度には強い相関関係が見つかった。[49] しかし彼らは、種の種類が多い族と、コロニーを形成する種の比率が高い族が親類の場合、サンプルのサイズが非常に大きくなるとわかってきたため、族レベルの分析をやめた。そのかわりに彼らは、姉妹関係にあるグループを比較する方法を選んだ。そして、コロニーで繁殖する鳥はそうではない鳥よりも強い性選択を受け、速い速度で進化するという仮説や、そのためにより速く種分化するという仮説を検証しようとした。ところが分析の結果、分岐群に属する種の数と、コロニーで繁殖するかどうかは関係がないとわかった。

しかしローゼンツワイク（Michael Rosenzweig）は、ムアーズらが対象とした例では、族レベルの分析を使った場合には分析に使えるデータ数が一七五あるのに、姉妹グループ比較法を使うことによりデータ数を二五あるいは一三まで減少させてしまっていると指摘した。[70] コロニー形成性と種分化の潜在的な関係を、混同する可能性のある体のサイズが果たす役割と識別する必要があるとすれば、姉妹グループ比較法により統計的な能力が大幅に減少してしまうと、統計上の第二種の過誤を犯す可能性が高まってしまう。

姉妹グループ比較法は本質的に、分岐図の分岐点においてだけ役に立つ情報が見つかると想定している。しかし、生物種はコロニー形成性をもつ方向にももたない方向にも進化しうるし、実際にその両方に進化していることを考えると、コロニー形成性をもつ種の子孫がやはりコロニー形成性をもっている場合にも、進化上で重要な情報を何か提供してくれるだろう。族レベルの比較分析でコロニー形成性と種分化の関係が示唆されたとしても、その問題が解明されたとはまだ言えない。

行動に関する形質は形態的な形質より転換する可能性が高いために、行動の形質についての分析は、形態的な形質の分析より解釈が複雑だ。コウウチョウ（cowbird）の托卵行動の進化について考えてみよう[35]。五種のコウウチョウが托卵する。一種の宿主にだけ卵を託すものから、知られているだけで二〇〇種の宿主がいる種まで、宿主の特異性において多様だ。ミトコンドリア中のシトクロムb遺伝子の塩基配列を分析することによって、托卵するコウウチョウは単一系統の集団であることが確認された。大変な労力をかけた調査により、托卵の形質をもっともよく表わす系統樹が同定された。系統発生においてかなり初期に起きた分岐で、少数の種の宿主に托卵するコウウチョウの種は分かれた。多くの種の宿主に托卵するコウウチョウの二種は、最近分岐した姉妹種だ。

ラニオン（S. Lanyon）はこの情報に基づき、一般化された形態の托卵は、特異的な宿主への托卵から派生して進化してきたのだろうと考えている[35]。この解釈は大変もっともらしく見えるが、この系統発生に対する唯一の解釈というわけではない。事実、同じデータから、一般化された形態が祖先だという、まったく逆の解釈もできる。そちらの解釈は、ある系統が托卵する種として進化する期間が長くなればなるほど、その系統の種が托卵する種は少なくなるとみている。ラニオンの説を裏づけるような別の証拠も見つかってはいるが、この問題はまだ決着がついていない。意見の一致している系統発生についても、行動の進化について推察するのは難しい。

サーシー（W. A. Searcy）たちは、北米のブラックバードのある系統の発生系統を使い、一雄多雌関係の進化のパターンについて推察を試みた[76]。DNAのデータに基づいて、系統発生図のうえに行動形質を位置づけていくと、さまざまな形質は規則的に並んでいるわけではなかった。そこで、形質の変化が、規則的に順番に起こるのではなく、ひとつのステップでまったく異なる形質にも変化することが可能だと推測した。彼らが分析に使った形質は、交配相手との関係（一夫一妻か、一夫多妻か、雑婚かなど）や、空間に関する行動（縄張りをもつかもたないか）、巣をつくる密度（分散しているか、コロニーを形成するか）、巣をつくる生息地（湿地か草原か、森林か）、子どもの世話（両性が同じ役割を果たすのか、不平等か、メスだけか、あるいは世話をしないか）といった項目におよんだ。彼らの分析は、そのブラックバードの系統のなかで何回、一夫多妻が進化してきたかも示唆しているし、一夫多妻は一夫一妻から進化してきたのだろうとも示唆している。また、その系統の祖先は、縄張りをもち、森林に巣をつくり、オスもメスも同じように子育てをしていたことを示している。これらの結論は、この系統だけではなくほかの鳥類の系統についても、社会行動の進化に関するさまざまな仮説に対して、多くの手がかりを提供してくれる。

祖先の行動形質について推察するひとつのアプローチは、進化に制約を与えるような方向性の概念を使う方法だ。進化における不可逆性、あるいは実現が非常に難しい転換は、複数の原因で起こる。ひとつの原因

A　　　　　　　　　　B

図5—1　カマドドリの巣
A：アルゼンチンにあった leñatero (*Anumbius annumbi*) の巣
B：アルゼンチンのサボテン (*Trichocereus*) につくられた *Pseudoseisura lophotes* の巣

は、ある方向から中間の状態に到達するほうが、別の方向から到達するより難しいという傾向に由来する。たとえば複雑な行動や構造、そして生理学的なシステムは、失うほうが獲得するよりも簡単だろう。たぶん四肢を失うほうが、再獲得するよりやさしいだろう。ヘビは、毒ヘビが生き延びているかぎり、四肢のない生活を送りつづけるだろう。もし托卵する種が子育てにかかわる行動を失ったら、再度、そういった行動を進化させることはほとんど不可能に近いだろう。鳥類の子育てに関する系統発生解析は実際に、両性が同じように子育てをするのが、鳥類においては祖先型だったと示唆している。[39] それにもかかわらず、抱卵行動をとっていなかった祖先から抱卵する行動が進化してきたという事実は、複雑な

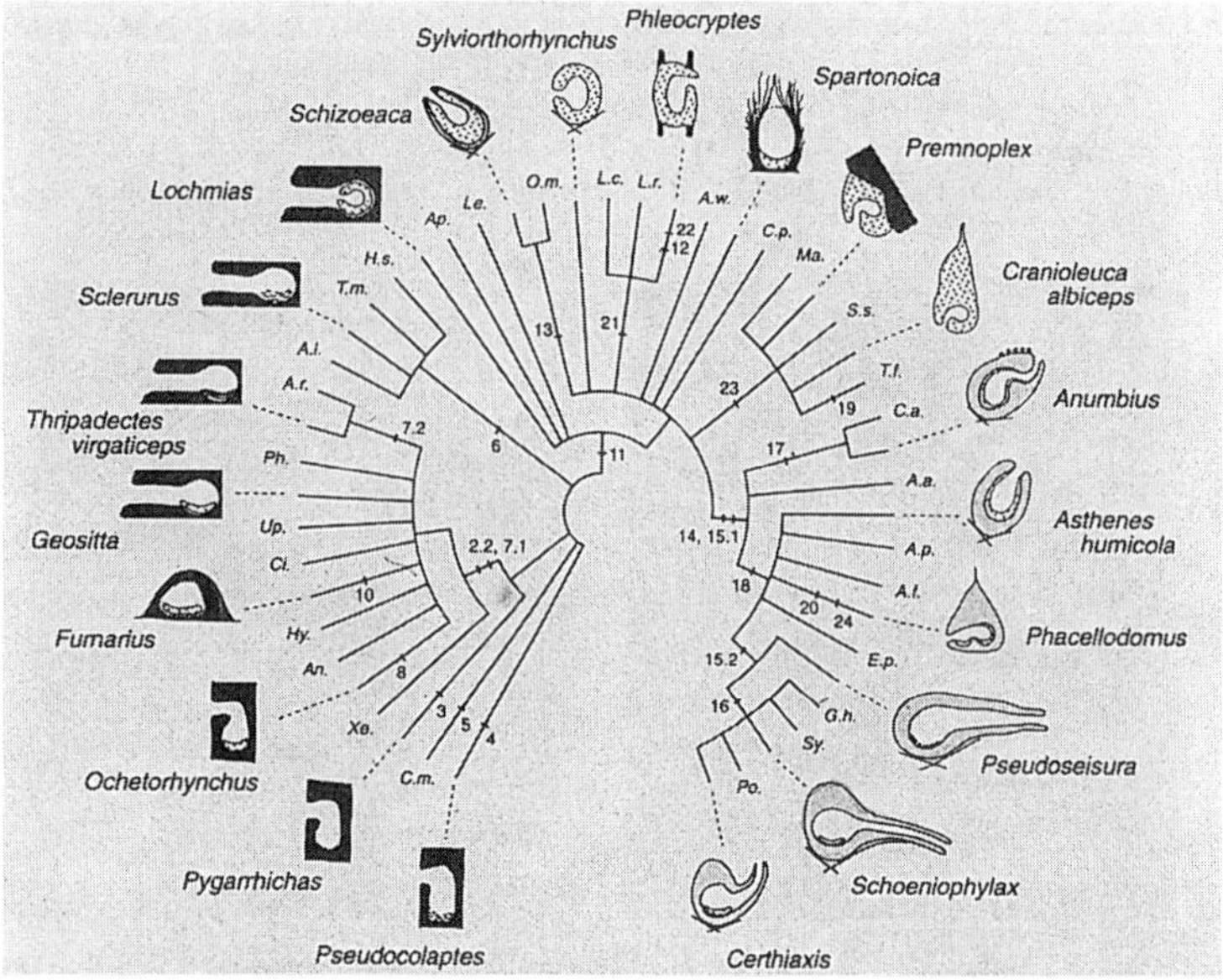

図5−2　カマドドリの巣の構造に基づいて分析した系統発生（〈95〉より）

行動も進化で生じる可能性があるし、実際に進化しているという証拠だ。

二番目の原因としては、ある状態が転換を難しくするような二次的な変化を起こすという点をあげられる。性染色体の進化は、Y染色体の退化をもたらした。当初の遺伝子の数がそろったようなY染色体を再度つくるのは不可能だろう。同様に、ある状態が吸収性をもつこともある。たとえば性の進化は、無性生殖の系統が分岐していくのを妨げるわけではないのに、無性生殖の系統は長く存続しないと示唆する証拠がある。雌雄異体になることにより、植物の系統は雌雄同体に再度進化するのを抑制しているようだ。進化研究の主要な課題のひとつは、行動進化の方向に対するこういった抑制的な要素の重要性をはっきりつきとめることだ。

行動の個体発生も、祖先の状態を推察するのに役立つ。とくに興味深いのは、巣のような行動の産物を、拡大解釈して表現型としてとらえる考え方だ。巣は非常に情報に富んでいる。巣自体に加えて、巣づくりの行動を分析することにより、隠れた相同関係があるのか、見かけは似ているけれども発生の起源は異なる相似関係にあるのかを知る、さらなる情報が得られる。三次元の構造を発達させるうえで生じる物理的、あるいは工学的な制約という意味では共通点があるので、巣の極性について調べるのに、個体発生の基準を使うことができる。たとえば、まずつくられ、それから台に取りつけられるような鳥の巣は存在しない。

ジスコウスキ（K. Zyskowski）たちは、新熱帯区のカマドドリ（ovenbird、Furnariidae科）の構造的に非常に多様性に富んだ巣を、巣の建造方法や個体発生と組み合わせて分析し、カマドドリの系統発生関係を導き出した[95]（図5−1、図5−2）。彼らの分析は、カマドドリの系統発生について一般的に受け入れられていた考え方の一部の修正を促し、あいまいだった点をいくぶんはっきりさせ、将来の研究にとって有益な道を示してくれた。もちろん、彼らの系統発生についての仮説もいつかは見直しが必要になるかもしれない。系統発生解析は行動進化のパターンを推察するために利用できるし、逆に行動は、系統発生関係を構築するのに使える。行動により示唆された系統発生と、分子データにより示唆された系統発生の矛盾点をどのように解決するのかはまだ不明だが、多くの研究者は分子データにより多くの信頼を置いている。

未解明な行動の不思議

たった一細胞の接合子から機能する成体へ成長していくプロセスを解明することは、現代の生物学の主要な課題だ。生物がどうやって正しい行動をとることができているのかという問題はたぶん、発達のプロセスのなかでもっとも複雑な要素だろう。なぜなら行動はもともと豊かで多様なものだし、生物には非常に幅広い学習能力があるからだ。遺伝子が行動一般にどのような影響を与えるのか、とくに学習にどのような影響を与えるのかについて、私たちはまだ比較的無知だ。最近まで、中枢神経系のニューロンは失われても、再生することはないと考えられてきた。しかし、鳥の歌の学習についての研究は、新しいニューロンが、中枢神経の全体ではないものの一部分には再生することを示した〈51〉。細胞死が新しいニューロンをつくりだす引き金になっているのかもしれないが、まだ私たちはその過程についてわずかな情報しかもっていない。

同じように、生態系の群集の機能や構造における行動の役割についてわからないことはたくさんある。約一五年前、ローゼンツワイクは群集の構造について一連の疑問を呈した〈69〉。たとえば、生息地を選ぶ生物の間では搾取的な競争関係が明白に少ないのはなぜだろうか、よく見られるような非対称的な競争的相互作用はどのような条件のとき存在するのだろうか、同じ生息地や似た生息地に住む同属の生物に社会性があったりなかったりするのはどうしてだろうか、捕食者はどのように生息地選択に影響を与えるのだろうか……といった疑問だ。こういった生物の行動に関する疑問に対する答えは、ローゼンツワイクの時代以来あまり見つかっていない。

「行動は進化を促進するのだろうか、それとも抑制するのだろうか」という疑問に対する一般的な答えはもちろん、促進も抑制もする、というものだ。ただし進化のどの要素が行動によって刺激を受け、どの要素が制約を受けるのかはまだよくわかっていない。いちばんの問題は、どんなタイプの行動がもっとも変化しにくく、どんなタイプの行動が、ひとたび変化すると元に戻りにくいかを調べることだ。最近の系統発生研究の進展は、こういった問題を解決する初めての好機を提供してくれている。ただし、すべての系統発生研究は暫定的なものなので、慎重に注意を払う必要がある。ほとんどの系統発生研究は、限られた数の系統や、ゲノムの一断片に基づいたものだからだ。典型的ないくつかの系統発生研究は、ほとんど同じぐらい少ない証拠に基づいている。コディントン（Jonathan Coddington）が主張したように[6]、系統発生の理解がまちがっていれば、それがどのように生じたのかを分析するのは意味がない。残念なことに、暫定的な系統発生研究がもつ意味について過度の解釈が行なわれ、かなり混乱が生まれそうな状態だ。

最後の課題として、私たちは早急に、人類生物学を進化の枠組みのなかに完全に組み入れる必要がある。私たちの行動のルーツをよりよく理解することは、理論的に非常に興味深いだけでなく、政策的な応用においても重要な意味がある。というのは、病院の部屋のデザインや一般的な建物のデザイン、義理の親へのカウンセリングなどにすでに役立っているからだ[12、13、83]。なぜ私たちは物の収集に情熱を燃やすのか、なぜ窓のない部屋は居ごこちが悪いのか、なぜ私たちはこんなに花が好きなのか、なぜ私たちは恋に落ちるのだろうか……こういった人間の不可解な性質についても、私たちの行動のルーツについて理解が深まれば、もっとわかるようになるかもしれない。

なぜ私たちは、時の流れのなかの純粋に任意の瞬間に、大きな重要性をもたせるのだろうか？　望むより速くきてしまうだろう七〇歳の誕生日に私は、人生におけるほかのどんな日とも同じように一日歳をとるだけだが、私が実際にそう感じるだろうとは考えにくい。私はきっと、人生のなかで六番目に過ぎ去った一〇年間について、あたかもその一〇年に固有の意味があるかのように振り返るだろう。私たちのどのような行動の性質が、千年紀の最後に、時間の流れのなかの任意の一瞬をみんなで一緒に祝おうという気分にさせたのだろうか？　千年紀を記す時間の基準はほぼ確実にまちがっているというのに。

謝辞

原稿の明確さや構成は、Ray HueyとSilvert Rohwer、そして二人の匿名の査読者により大きく改善された。もちろん、内容に関する責任は私にある。

引用文献

1. Belovsky, G. E. 1984. Snowshoe hare optimal foraging and its implications for population dynamics. *Theoret. Popul. Biol.* 25:235–64.
2. ——. 1986a. Optimal foraging and community structure: Implications for a guild of generalist grassland herbivores. *Oecologia* 70:35–52.
3. ——. 1986b. Generalist herbivore foraging and its role in competitive interactions. *Amer. Zool.* 26:51–69.
4. Brower, L. P. 1977. Monarch migration. *Nat. Hist.* 86:40–53.
5. Charnov, E. L., and G. H. Orians. 1973. *Optimal foraging: Some theoretical explorations*. Dept. of Biology, Univ. of Utah.
6. Coddington, J. A. 1992. The comparative method in evolutionary biology. *Trends Ecol. Evol.* 7:68–69.
7. Cohon, J. L. 1978. *Multiobjective programming and planning*. New York: Academic Press.
8. Cook, E. W., R. L. Hodes, and P. J. Lang. 1986. Preparedness and phobia: Effects of stimulus content on human visceral conditioning. *J. Abnormal Psych.* 95:195–207.
9. Coss, R. G. 1991. Evolutionary persistence of memory-like processes. *Concepts in Neuroscience* 2:129–68.
10. Curio, E. 1993. Proximate and developmental aspects of antipredator behavior. *Adv. Study of Behav.* 22:135–237.
11. Cziko, G. 1995. *Without miracles: Universal selection theory and the second Darwinian revolution*. Cambridge, Mass.: MIT Press.
12. Daly, M., and M. I. Wilson. 1985. Child abuse and other risks of not living with both parents. *Ethol. & Sociobiol.* 6:155–76.
13. ——. 1996. Violence against stepchildren. *Current Directions in Psychol. Science* 8:155–76.
14. Dennett, D. C. 1995. *Darwin's dangerous idea*. New York: Simon & Schuster.
15. Edwards, S. V., and S. Naeem. 1993. The phylogenetic component of cooperative breeding in perching birds. *Amer. Nat.* 141:754–89.
16. ——. 1994. Homology and comparative methods in the study of avian cooperative breeding. *Amer. Nat.* 143:723–33.
17. Emlen, J. M., D. C. Freeman, A. Mills, and J. H. Graham. 1998. How organisms do the right thing: The attractor hypothesis. *Chaos* 8:717–26.
18. Ewald, P. W. 1994. *Evolution of infectious disease*. New York: Oxford Univ. Press.
19. Fretwell, S. D., and H. L. Lucas, Jr. 1969. On territorial behavior and other factors influencing habitat distribution in birds: I. Theoretical development. *Acta Biotheoretica* 19:16–36.
20. Fryxell, J. M., and P. Lundberg. 1998. *Individual behavior and community dynamics*. New York: Chapman & Hall.
21. García, J., and R. A. Koelling 1966. Relation of cue to consequence in avoidance learning. *Psychonomic Science* 4:123–24.
22. Gess, S. K. 1996. *The pollen wasps: Ecology and natural history of the Masarinae*. Cambridge, Mass.: Harvard Univ. Press.

23. Goldsmith, T. H. 1990. Optimization, constraint, and history in the evolution of eyes. *Q. Rev. Biol.* 65:281–322.

24. Grantham, O. K., D. L. Morehead, and M. R. Willig. 1995. Foraging strategy of the giant ramshorn snail, *Marisa cornuarietis*: An interpretive model. *Oikos* 72:333–42.

25. Hairston, N. G., F. E. Smith, and L. B. Slobodkin. 1960. Community structure, population control, and competition. *Amer. Nat.* 94:421–25.

26. Hamilton, W. D., and M. Zuk. 1992. Heritable fitness and bright birds: A role for parasites. *Science* 218:384–87.

27. Hugdahl, K. 1978. Electrodermal conditioning to potentially phobic stimuli: Effects of instructed extinction. *Behav. Res. & Therapy* 16:315–21.

28. Hugdahl, K., and A. Karker. 1981. Biological vs. experiential factors in phobic conditioning. *Behav. Res. & Therapy* 18:109–15.

29. Hutchinson, G. E. 1965. *The ecological theatre and the evolutionary play.* New Haven: Yale Univ. Press.

30. Johnson, P. A., F. C. Hoppensteadt, J. J. Smith, and G. L. Bush. 1996. Conditions for sympatric speciation: A diploid model incorporating habitat fidelity and non-habitat assortative mating. *Evol. Ecol.* 10:187–205.

31. Kaplan, S., and J. F. Talbot. 1983. Psychological benefits of a wilderness experience. In *Behavior in the natural environment,* edited by I. Altman and J. F. Wohlwill. New York: Plenum Press.

32. Kirkpatrick, M. 1996. Good genes and direct selection in the evolution of mating preferences. *Evolution* 50:2125–40.

33. Lande, R. 1980. Sexual dimorphism, sexual selection, and adaptation in polygenic characters. *Evolution* 34:292–307.

34. ———. 1982. Rapid origin of sexual isolation and character divergence in a cline. *Evolution* 36:213–23.

35. Lanyon, S. M. 1992. Interspecific brood parasitism in blackbirds (Icterinae): A phylogenetic perspective. *Science* 255:77–79.

36. Lawlor, L. R., and J. Maynard Smith. 1976. The coevolution and stability of competing species. *Amer. Nat.* 110:79–99.

37. Lee, P. M. L., D. H. Clayton, R. Griffiths, and R. D. M. Page. 1996. Does behavior reflect phylogeny in swiftlets (Aves: Apodidae): A test using cytochrome *b* mitochondrial DNA sequences. *Proc. Natl. Acad. Sci.* 93:7091–96.

38. Lima, S. L. 1998. Nonlethal effects in the ecology of predator-prey interactions. *BioScience* 48:25–34.

39. McKitrick, M. C. 1992. Phylogenetic analysis of avian parental care. *Auk* 109:828–46.

40. McLain, D. K., M. P. Moulton, and J. G. Sanderson. 1999. Sexual selection and extinction: The fate of plumage-dimorphic and plumage-monomorphic birds introduced onto islands. *Evol. Ecol. Res.* 1:549–65.

41. McNalley, R. J. 1987. Preparedness and phobias: A review. *Psychol. Bull.* 101:283–303.

42. Mangel, M., and C. W. Clark. 1988. *Dynamic modeling in behavioral ecology.* Princeton, N.J.: Princeton Univ. Press.

43. Marchetti, C. 1998. Notes on the limits of knowledge explored with Darwinian logic. *Complexity* 3:22–35.

44. Martin, L. D., Z. Zhou, L. Hou, and A. Feduccia. 1998. *Confuciusornis sanctus* compared to *Archaeopteryx lithographica*. *Naturwissenschaften* 85:286–89.
45. Maynard Smith, J. 1978. Optimization theory in evolution. *Ann. Rev. Ecol. Syst.* 9:31–56.
46. Mayr, E. 1960. The emergence of evolutionary novelties. *Taxa* 1960:349–80.
47. ——. 1974. Behavior programs and evolutionary strategies. *Amer. Sci.* 62:650–59.
48. Mitra, S., H. Landel, and S. Pruett-Jones. 1996. Species richness covaries with mating system in birds. *Auk* 113:544–51.
49. Mooers, A. O., and A. P. Moller. 1996. Colonial breeding and speciation in birds. *Evol. Ecol.* 10:375–85.
50. Nesse, R. M., and G. C. Williams. 1998. Evolution and the origins of disease. *Sci. Amer.,* Nov., 32–39.
51. Nottebohn, F. 1985. Neuronal replacement in adulthood. *Ann. N.Y. Sci.* 457:143–59.
52. Öhman, A. 1986. Face the beast and fear the face: Animal and social fears as prototypes for evolutionary analyses of emotion. *Psychophysiology* 21:123–45.
53. Öhman, A., and J. J. F. Soares. 1993. Unconscious anxiety: Phobic responses to masked stimuli. *J. Abnormal Psychol.* 103:231–40.
54. Olsson, O., and N. A. Holmgren. 1998. The survival-rate-maximizing policy for Bayesian foragers: Wait for good news. *Behav. Ecol.* 9:345–53.
55. Orians, G. H. 1998. Human behavioral ecology: 140 Years without Darwin is too long. *Bull. Ecol. Soc. Amer.* 79:15–28.
56. Orr, H. A. 1999. An evolutionary dead end? *Science* 285:343–44.
57. Owens, P. E. 1988. Natural landscapes, gathering places, and prospect refuges: Characteristics of outdoor places valued by teens. *Children's Environmental Q.* 3:17–24.
58. Parker, G. A., and L. Partridge. 1998. Sexual conflict and speciation. *Philos. Trans. R. Soc. Lond. B* 353:261–74.
59. Penn, D. J., and W. K. Potts. 1999. The evolution of mating preferences and major histocompatibility complex genes. *Amer. Nat.* 153:145–64.
60. Pimm, S. L., and M. L. Rosenzweig. 1981. Competitors and habitat use. *Oikos* 37:1–6.
61. Pimm, S. L., M. L. Rosenzweig, and W. Mitchell. 1985. Competition and food selection: Field tests of a theory. *Ecology* 66:798–807.
62. Plotkin, H. C. 1988. Learning and evolution. In *The role of behavior in evolution,* edited by H. C. Plotkin. Cambridge, Mass.: MIT Press.
63. Potts, W. K., C. J. Manning, and E. K. Wakeland. 1991. Mating patterns in seminatural populations of mice: Influence by MHC genes. *Nature* 352:619–21.
64. Pulliam, H. R., and C. Dunford. 1980. *Programmed to learn: An essay on the evolution of culture*. New York: Columbia Univ. Press.
65. Raff, R. A. 1996. *The shape of life: Genes, development, and the evolution of animal form*. Chicago: Univ. of Chicago Press.
66. Rice, W. R., and E. E. Hostert. 1993. Laboratory experiments on speciation: What have we learned in forty years? *Evolution* 47:1637–53.
67. Rollo, C. D. 1995. *Phenotypes: Their epigenetics, ecology, and evolution*. New York: Chapman & Hall.

68. Rosenzweig, M. L. 1981. A theory of habitat selection. *Ecology* 62:327–55.
69. ——. 1985. Some theoretical aspects of habitat selection. In *Habitat selection,* edited by M. L. Cody. New York: Academic Press.
70. ——. 1996. Colonial birds probably do speciate faster. *Evol. Ecol.* 10:681–83.
71. Rosenzweig, M. L., and Z. Abramsky. 1984. Detecting density-dependent habitat selection. *Amer. Nat.* 126:405–17.
72. Ryan, M. J., and A. S. Rand. 1993. Sexual selection and signal evolution: The ghost of biases past. *Philos. Trans. R. Soc. Lond. B* 340:187–95.
73. Schama, S. 1995. *Landscape and memory.* New York: Alfred A. Knopf.
74. Schlichting, C. D., and M. Pigliucci. 1998. *Phenotypic evolution: A reaction norm perspective.* Sunderland, Mass.: Sinauer Associates.
75. Schmitz, O. J., J. L. Cohon, K. D. Rothley, and A. P. Beckerman. 1998. Reconciling variability and optimal behavior using multiple criteria optimization models. *Evol. Ecol.* 12:73–94.
76. Searcy, W. A., K. Yasukawa, and S. Lanyon. 1999. Evolution of polygyny in the ancestors of red-winged blackbirds. *Auk* 116:5–19.
77. Seligman, M. E. P. 1970. On the generality of the laws of learning. *Psychol. Rev.* 77:406–18.
78. Sih, A., and S. K. Gleeson. 1995. A limits-oriented approach to evolutionary ecology. *Trends Ecol. Evol.* 10:378–81.
79. Stephens, D. W., and J. R. Krebs. 1986. *Foraging theory.* Princeton, N.J.: Princeton Univ. Press.
80. Sutherland, W. A., and G. A. Parker. 1992. The relationship between continuous input and interference models of ideal free distribution with unequal competitors. *Anim. Behav.* 44:345–55.
81. Tinbergen, N. 1951. *The study of instinct.* New York: Oxford Univ. Press.
82. Ulrich, R. S. 1984. View through a window may influence recovery from surgery. *Science* 224:420–21.
83. ——. 1993. Biophilia, biophobia, and natural landscapes. In *The biophilia hypothesis,* edited by S. R. Kellert and E. O. Wilson. Washington, D.C.: Island Press.
84. Ulrich, R. S., and D. Addoms. 1981. Psychological and recreational benefits of a neighborhood park. *J. Leisure Res.* 13:43–65.
85. Ulrich, R. S., O. Dimberg, and B. L. Driver. 1991. Psychological indicators of leisure benefits. In *Benefits of leisure,* edited by B. L. Driver, P. J. Brown, and G. L. Peterson. State College, Pa.: Ventura.
86. Waddington, C. H. 1957. *The strategy of the genes.* London: Allen & Unwin.
87. Ward, D. 1992. The role of satisficing in foraging theory. *Oikos* 63:312–17.
88. ——. 1993. Foraging theory, like all fields of science, needs multiple hypotheses. *Oikos* 67: 376–78.
89. Werner, E. E. 1977. Species packing and niche complementarity in three sunfishes. *Amer. Nat.* 111:553–78.
90. West-Eberhard, M. J. 1983. Sexual selection, social competition, and speciation. *Q. Rev. Biol.* 58:155–83.

91. Whitehead, A. N. 1911. *Introduction to mathematics*. New York: Henry Holt.
92. Wilson, D. S. 1998. Adaptive individual differences within single species populations. *Phil. Trans. R. Soc. Lond. B* 353:199–205.
93. Wilson, E. O. 1984. *Biophilia*. Cambridge, Mass.: Harvard Univ. Press.
94. Winkler, D. W., and F. H. Sheldon. 1993. Evolution of nest construction in swallows (Hirundinidae): A molecular phylogenetic perspective. *Proc. Natl. Acad. Sci.* 90:5705–7.
95. Zyskowski, K., and R. O. Prum. 1999. Phylogenetic analysis of the nest architecture of neotropical ovenbirds (Furnariidae). *Auk* 116:891–911.

第6章 生物多様性を守る

プランス GHILLEAN T. PRANCE

生物学者が二一世紀に主張すべき問題で、生物多様性の保全ほど緊急性を要する問題はほかにありえない。憂慮すべき速度で生物の種は消失しており、その速度は加速すると予想されている[4、8、19]（図6－1）。地域特有の動植物の宝庫だったブラジルの大西洋側の森は、もう七％ほどしか残っていない[5]。マダガスカルやマスカリン諸島は、ほとんどの動植物が土地固有だったが、もともとあった植物はもう一〇％程度しか残っていない。生物多様性の消失は、ほかにもあちこちでよく記録されているし、生物種が集中してたくさんあり、しかも存続が脅かされている「ホットスポット」がどこなのかは、きちんと定義されてきた[7]。ホットスポットの概念は最近になって改訂された。それによると、二五のホットスポットは、地球上の地表面積の一・四％しか占めていないのに、維管束植物のすべての種の四五％と、脊椎動物の四群の三五％がそこにいる[9]。この章の目的は、私たちが直面している、さらなる生物種や生息地の消失について記録することではない。むしろ、生物多様性の完全破壊を防ぐために私たちが主張しつづけなければならないいくつかの問題について、分類学者の視点から議論することだ。

図6—1　多様な生物がいるブラジルのロンドニア州の森の大半は、牧畜と農業のために伐採されてしまった。この生物多様性の中心地は急速に破壊されている。

生物多様性条約（the Convention on Biological Dirersity）はすでに、一七二カ国・地域により署名・批准されている（残念ながら米国はそのなかに入っていない）。多くの生物学者は保全活動に積極的にかかわっており、その様子は、二〇世紀の最後の二〇年間に創刊された多くの保全に関する雑誌からもわかる。たとえば、「*Conservation Biology*」や「*Biodiversity and Conservation*」「*Conservation Ecology*」といった雑誌だ。

保全事業を目的にした政府組織や非政府組織、団体はありあまるほどたくさんあるし、多額の基金を保全に投資している大きな財団もたくさんある（たとえばJohn D. and Catherine T. MacArthur Foundation や W. Alton Jones Foundation）。こういったすべての努力にもかかわらず、生物多様性の破壊はもっとも憂慮すべき速度で続いている。私たちが直面している課題は巨大なのだ。

私たちはまだ、生物種の喪失は人類の生存にとって脅威なのだという点について、世界の人びとを説得しきれていない。二一世紀の最初の一〇年間はたぶん、地球上の生命をまとめている生物システムの複雑さを理解し、その生物システムをつくっている生物多様性と生物の相互作用網を保全する、最後の機会となるだろう。生物学にたずさわる人びとは、保全問題についてもっと積極的に、もっとまとまって行動する必要がある。なぜなら、そうしなければ、研究対象となる生物がいなくなってしまうのだから。どの分岐学的な手法を使うかといった議論をするかわりに、私たちは、政治家や経済学者、社会・経済計画の立案者、そして企業家たちが、すべての生物種の重要性を認めるよう説得する必要がある。

目録は完成にほど遠い

保全家が直面している問題のひとつは、生物多様性を記録した目録が、とくに熱帯地域について、完成にほど遠い状態にあることだ。この問題はほかのところでもよく指摘されているので、ここでは植物について二、三例だけを示すにとどめる。[13] 植物分類学者たちによって記録された維管束植物の名前のリストであるインデックス・キューエンシス（Index Kewensis）が最近、インターネット上で公開された。それは、国際植物名インデックス（International Plant Names Index ; IPNI ; http://www. ipni. org）の一部としてである。

図6－2　オオオニバス（*Victoria amazonica*）。この受粉を媒介する昆虫は、1975年の調査で *Cyclocephala* に属する新種とわかった。

一九八九～九七年までの九年間に、世界中で二万一〇九七種類の新しい維管束植物が記録された。つまり毎年二〇〇〇以上の新しい種が追加されている計算だ。この傾向は、英国のキュー王立植物園がフィールド調査を行なっているいくつかの地域を見てもよくわかる。ブラジルの大西洋側の森や、マダガスカル、ニューギニアといった場所では、しょっちゅう新しい種が見つかっている。新しい種が見つかる地域はしばしば、生態系の存続が非常に脅かされた、いわゆるホットスポットであることが多い。

　ブラジルのマナウスのようによく知られている地域も、十分に調査されているとは言えない[10]。私たちは最近、マナウス市の端にある保護地区（the Reserva Florestal Adolpho Ducke）の野外観察図鑑を完成させた[15]。まず一九九三年、八二五種類の植物種を掲載した、ブラジルの国立研究所（Instituto Nacional de Presquisas da Amazonia；INPA）の植物標本集のデータベースから作成した予備的なリストをもとに調査をスタートした。[12] 調査が終了に近づいた五年後には、リストは二一七五種類に拡大し、そのうち少なくとも五〇種は新種だった。[14] この仕事は、熱帯雨林の小さな地域を集中的に調査することの価値を示しているだけでなく、生物種のなかで比較的よく研究されているグループについても、いかに目録が不完全かという実態をよく表わしている。もしこれが昆虫や菌類の調査だったら、もっと多くの新しい分類群が発見されていただろう。私がアマゾンでもっともよく知られた植物のひとつ、オオオニバス（*Victoria amazonica*）の受粉について研究していたとき、受粉を媒介する昆虫は、まだ記録されていない、*Cyclocephala* に属する新しい種だった（図6−2）。生物学的な探検の時代は終了からほど遠い。ただし、さらに目録が充実するまで、生態系が存続していればの話だが。

目録が完成していないのは、ただ種の種類についてだけではない。植生のタイプや、生態系をまとめている複雑な相互作用に関する目録も完成していない。保全計画や野外調査で、生物種のみを強調しすぎるのは危険だ。ひとつの生態系のなかの動態や相互作用、依存関係などに関する知識は、保全を成功させるために欠かせない。長期計画に基づく研究は、役立つ情報をたくさん提供してくれる。とくにあらゆるタイプの熱帯雨林においては、長期間にわたる研究が望ましいし、もっとたくさん行なわれるべきだ。

生物多様性がもたらす環境サービスを保全する

ホットスポットだと指摘された地域の多様な生物種を守るのは価値があることだし、マイヤーズ（N. Myers）たちが主張しているように、多額の基金がつぎこまれるべきだ。[9] 同時に、保全は、ホットスポットだと定義された狭い地域にだけ限定されるべきではない。気候変動の現実がより明白になり、世界各地の人びとが異常な嵐や洪水などの災害に以前より頻繁に悩まされるようになり、自然の植生による「環境サービス」の役割が明らかになってきた。[3、11] このような状況に対して、ホットスポットだけの植生を保全しても、あまり効果がない。よい例は、マングローブ林の破壊だ。一九九九年一〇月にインドのオリッサ州を襲った台風による被害は、もしそこに、台風の影響を和らげるマングローブ林があったなら、もっと小規模だっただろう。ベネズエラを最近襲った洪水や、一九九八年にホンジュラスを襲ったハリケーンの被害は、自然の植生がそのまま残っていたら、もっと少なくてすんだだろう。

たぶん私たちは、生物多様性の総合的な重要性を強調しすぎており、地球上の生命のバランスを保つうえで、自然生態系が実際に果たしている役割の重要性を十分に伝えていないのだろう。種の多様性がたとえ少なくても、広い森林は、炭素の吸収源や気候の制御役として価値ある貢献をしているという側面も、生物多様性の保全における焦点のひとつとして扱うべきだ。たとえホットスポットの生物がそのまま保全されるような正しい手段がとられたとしても、安定した気候なしには、そこにいる生物は生き延びることができないだろう。気候変動は、ホットスポットに比べればはるかに生物の種類が少ない、広大な森林により維持されているのだ。

分子遺伝学により分類を予測する

分子的な技術により、生物多様性の保全に役立つ多くの新しいデータがもたらされた。これらのデータは、何を保全すればいいのかというジレンマが高まるにつれ、いっそう重要性を増すだろう。分子的な技術が、今、主に利用されているのは、進化上の分類を改善する場合と、小さな個体群における関係をきちんと識別するときだ。

分子分類学的手法は生物間の進化上の関係をきちんと決定するうえで、形態だけに頼るよりずっと正確だ。図6-3は、サガリバナ科（Lecythidaceae）のなかの属の分岐図だ。そこには、かつてはシキトペタルム科（Scytopetalaceae）に分類されていたものも入っている。ここに表わされている分岐関係は、実際の進化上の系統にかなり沿ったものだろう。というのは、この分岐図は分子的なデータと形態的なデータを組み合わせたものだからだ。もしサガリバナ科の多様性を保全するためにどの部分を優先的に対象としなければならないかという決断が必要になったら、この分岐図をできるだけ広くカバーするようにすればいいだろう。

サガリバナ科とシキトペタルム科についてのデータは、ワールドマップ・プログラム（Worldmap Program）のなかに組みこまれている。〈16、17、18〉このプログラムには、保全における優先地域をどんな単位で選ぶの

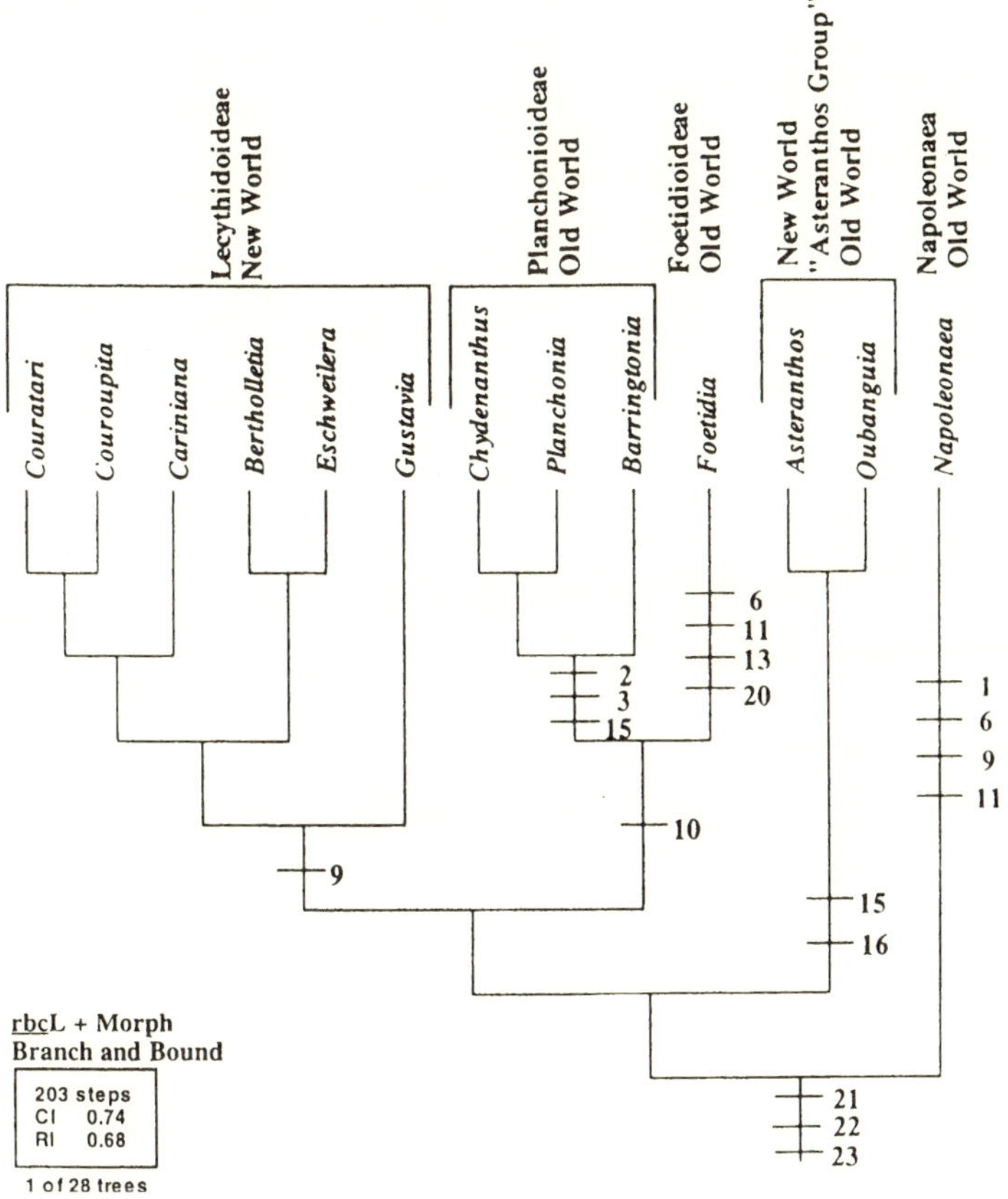

図6—3 サガリバナ科（Lecythidaceae）の系統発生分岐図。分子情報と解剖学的な情報、そして形態についてのデータを組み合わせて決定された28系統樹が含まれる（〈6〉より）

かについて、二つのアルゴリズム*が含まれている。ひとつは、アルファ多様性**に関するアルゴリズムであり、もうひとつは固有種のクラスター***についてのものだ。こういった基準に加え、このプログラムはデータ源となっているグループの分岐図も表示している。二つの地域が似たような多様性や、似たような固有種をもっていた場合、分岐図の情報がもっとも役に立つ。分岐図上でもっとも広範囲にわたる新しい種を含む地域をまず優先的に保全すべきだろう。なぜなら、そうすることによって、もっとも広い範囲で、ターゲットとする生物種の遺伝的な多様性を保全できるからだ。ひとつの生物グループを広い範囲にわたって保全することは、狭い範囲の似たような数種を保全するより明らかに好ましい。しかし、広範囲にわたる保全は、信頼できる進化上の分類がなければ実行できない。したがって、分類学者が優先的に行なわなければならないのは、適切な保全を行なう土台となる分類をつくることだ。被子植物についての新しいシステムは、保全にとってだけではなく、系統発生の分類にももっとも有用なツール[1,2]だ。

*アルゴリズム——問題解決の定型的な手法・操作。コンピューターなどで演算手続きを指示する規則。
**アルファ多様性——ひとつの生態系やひとつの生息地のなかの多様性。
***クラスター——類似したものの群・集団。ひとつの個体群のなかのグループ。

絶滅の危機に瀕している多くの植物種は、非常に少数の個体群しか存在しなくなってきた。ハワイやセントヘレナ、カナリー諸島などの島の固有種が例としてあげられる。私たちが非常に少ない個体をもとに、珍しい種を救い、復活させるには、多様性の遺伝子レベルでの詳細や、研究対象となる種の個体間の関係について知っておくことが、非常に有益だ。たとえばハワイの *Alsinidendron trinerve*（*Caryophyllaceae*）は八個体しか残っていなかったが、すべて非常に近縁だった。キュー王立植物園で一九五〇年代から栽培されている*Alsinidendron*は、別の島から採集されたものなので、それほど近縁な関係にはなかった。キュー王立植物園の植物は、ハワイの個体群の多様性を増やすために利用された。

ある個体群のなかの遺伝的な関係は、異なる島で育った個体群の間の遺伝的な関係ほどはっきり識別できないことが多い。そういった場合に分子研究は、元来の遺伝的多様性を最大限に含む種子をつくるような交配を計画するうえで、はかり知れない価値をもつ。一例として、アツモリソウの一種（*lady's slipper orchid, Cypripedium calceolus*）を、野生株だとされる約一〇個体からイギリス諸島に再移入した、キュー王立植物園が行なったプロジェクトがあげられる。野生株の個体群の分子レベルにおける遺伝子情報が、交配プログラムを立てるために分析された。同様のプロジェクトが、イースター諸島のトロミロツリー（toromiro tree, *Sophora toromiro*）やほかの数種の、絶滅の危機に瀕している個体群について進みつつある。

系統的な収集

保全や保護の計画を立てるうえで、もっとも役に立つ情報源は、世界の博物館や植物園がもつ、膨大な量の系統的コレクションだ。私たちは、すでにもっているものを使い、維持することに全力を注ぐ必要がある。標本やそのラベルから得られるデータはすでに、多様性の中心や固有種の中心の所在地がどこにあるのか、ひとつの地域の生態的な状態はどうなっているのか、環境汚染が始まっていないかなど、保全に必要な多くの情報を得るために重点的に使われてきた。これらのコレクションに含まれるデータは、それらが電子情報化されていたら、もっと役に立つだろう。系統的なコレクションをコンピューター処理するために多くの努力が払われてきたが、進展は遅々としたものだ。スミソニアン協会やニューヨーク植物園（the New York Botanical Garden）の植物標本集のように大きな博物館のコレクションは、電子化完了まではまだまだ長い道のりがある。博物館や植物園のコレクションを世界規模のデータベースにしたり、インターネット上で提供可能な形のデータに変換するために、まだ十分な資金が投入されていない。結果としてこれらのコレクションは、保全に役立てるのに最適の状態とはいいがたい。

たんに野外調査による目録を完成させるだけではなく、すでにあるコレクションのデータベースをつくるためにも、早急に資金が投入される必要がある。きちんとデータベース化されたコレクションは、もっとも有用な保全のためのツールのひとつだ。大規模で重要なコレクションの大半は、北半球の先進国にあるだけに、そのコレクションのコンピューター化は緊急を要する。それは、何百万種類もの多様な生物種がいる国々が、研究や保全のために自国から出たデータを取り戻す、ひとつの簡単な方法だ。オランダやニューヨーク植物園、スミソニアン協会などの標本集は、どんなタイプの標本が利用可能なのかをイメージするのによい例だろうが、それでももっとすべきことはある。

未来に備えた貯蔵

新しい千年紀を祝うために、キュー王立植物園は、種子貯蔵事業を大きく拡大し、「ミレニアム種子バンク」を設立した（図6－4）。このプロジェクトのゴールは、(1)二〇〇〇年までに、イギリスのすべての植物の種を貯蔵する（非常に収集が難しいいくつかの種を除いて達成された）、(2)二〇一〇年までに全世界の植物の一〇％の種子を新たに貯蔵する、(3)扱いの難しい種子の貯蔵や、種子の休眠状態を終止させる方法など、いくつかの問題を解く、というものだ。[14] ミレニアム種子バンクの一般公開部分は二〇〇〇年八月にオープンした。この種子貯蔵事業の拡大作戦は、絶滅の危機にある種の数が増えてきたため、必要となった。過去二七年間にキュー王立植物園に貯蔵された種子のうち、イギリス諸島の二種がすでに絶滅した。たぶんほかの数種も、別の地域で同じ運命をたどったと考えられる。

図6－4　1844～48年に建設された、英国キュー王立植物園の温室には、熱帯雨林の植物が数多く植えられている。

種子の貯蔵は明らかに、元の場所で保全することに比べれば次善の策だ。種子の貯蔵は受粉媒介者をはじめ、種子植物と相互作用するほかの生物は保全しないからだ。しかし、少なくとも種子バンクは、多くの稀少で絶滅の危機にある種の生殖細胞質が確実に生き残る方法ではある。

植物園の役割

世界の植物園は全体としては、環境の危機や種の消失に対し、よく対応してきた。多くの植物園は、植物の保全や持続可能な利用を、重要な課題として取り上げている。過去一〇年間にわたり、国際植物園保全協会（Botanic Gardens Conservation International；BGCI）は、そういった努力の調整に主要な役割を果たしてきた。この組織は、植物園が育てている種に関するデータをまとめるのを支援し、植物園における保全へのアプローチをより調和のとれたものにしてきた。ＢＧＣＩはまた、植物園が保全に関する教育を行なうための資料もたくさん提供してきた。より多くの植物園が、管内の自然な植生を保全することを重要視するようになってきた。すばらしい例のひとつは、南アフリカの植物園ネットワークだ。そこでは、異なる植生のゾーンすべてに植物園が存在している。各植物園は、それぞれの地域に固有の植生を保存した区域をもつだけでなく、もっと一般的な展示やコレクションももつ。南アフリカの植物種のかなりの部分は、植物園のなかで保存されている。

植物園の管理者たちは、保全についての教育や、関連する問題を解説するような展示にもっと力を入れる必要がある。植物園の研究者たちは、より多くの利用者やより広範な市民にメッセージが伝わるように、一般書を書いたり、フィールドツアーを企画したりすることに、もっと時間を使うべきだ。ブラジルのデュック保護区（Ducke Reserve）のフィールドガイドは、熱帯雨林地域を案内する、ユーザーフレンドリーなツアーのよい例だ。このガイドでは、専門家以外の人びとも、簡単に植物を識別できる。というのは、「簡単に理解しよう」というセクションで、花や果実ではなく、植物全体がどんな形をしているのかを中心に、カラー写真をふんだんに使った紹介があるからだ。

私はキュー王立植物園を去って以来、英国のコーンウォール地域のエデンプロジェクトのために喜んで働いている。プロジェクト全体が、植物やその持続可能な利用の重要性について、人びとの理解を深めるために計画されている。このプロジェクトは、かつて磁器製作のための粘土の穴だった部分も保存しているほか、二ヘクタールの屋根がついた熱帯雨林植物の展示や、〇・六ヘクタールの地中海生態系の展示、そしてそのほか多くの有用な植物の屋外展示も行なっている。キュー種子バンクと同様、エデンプロジェクトは二一世紀を祝うのにもっともふさわしく、適切な方法のひとつだろう。

二一世紀の課題

生物多様性を保全したり、その利用を管理したりするための法律は整備されてきた。今、私たちには生物多様性条約があり、絶滅の危機に瀕している生物の取引を取り締まるワシントン条約があり、そのほかさまざまな国際レベル、あるいは国内レベルの法律がある。しかし、これらの取り決めはまだ、種の消失や生息地の断片化に効果的な歯止めをかけていない。将来、それらの保全を達成するためには、政治的な側面だけを強調するのではなく、保全の科学的な側面にももっと重点を置くべきだ。そのためには生物学者たちの参加が求められている。生物学者たちはもっと自分たちの時間や研究データを、生物多様性の保全や持続可能な利用、一般市民の教育のために使わなければならない。もし私たちがこの課題に対応しなければ、研究の対象となる生物多様性がなくなるだけでなく、世界が生態的な災害に直面することになるだろう。

1　地球上にどれだけの生物種がいるのかという問題を、すべての種の目録をつくることで解決する。
2　種の保全に関するさまざまな政治的な議論や議題を、実際の行動に変える。
3　すべての生命は植物に依存しており、種の多様性を保全し、それらを持続可能な形で利用することが大切だという点を、教育や解説を通して一般市民に納得してもらう。
4　もっとも正確な生命の系統樹を完成させ、最大限の遺伝的な多様性を保存する計画に利用できるようにする。

引用文献

1. Angiosperm Phylogeny Group. 1998. An ordinal classification for the families of flowering plants. *Ann. Missouri Bot. Gard.* 85:531–53.
2. Chase, M. W., D. E. Soltis, R. G. Olmstead, D. Morgan, D. H. Les, B. D. Mishler, M. R. Duvall, R. A. Price, H. G. Hills, Y.-L. Qiu, A. Kron, J. H. Rettig, E. Conti, J. D. Palmer, J. R. Manhart, K. J. Sytsma, H. J. Michaels, W. J. Kress, K. G. Karol, W. D. Clark, M. Hedren, B. S. Gaut, R. K. Jansen, K.-J. Kim, C. F. Wimpee, J. F. Smith, G. R. Furnier, S. H. Strauss, Q.-Y. Xiang, G. M. Plunkett, P. S. Soltis, S. M. Swensen, S. E. Williams, P. A. Gadek, C. J. Quinn, L. E. Eguiarte, E. Golenberg, G. H. Learn, Jr., S. W. Graham, S. C. H. Barrett, S. Dayanandan, and V. A. Albert. 1993. Phylogenetics of seed plants: An analysis of nucleotide sequences from the plastid gene *rbc*L. *Ann. Missouri Bot. Gard.* 80:528–80.
3. Costanza, R., R. d'Arge, R. de Grout, S. Farber, M. Grasso, B. Hannon, K. Limburg, S. Naeem, R. V. O'Neill, J. Paruelo, R. G. Raskin, P. Sutton, and M. van den Belt. 1997. The value of the world's ecosystem services and natural capital. *Nature* 387:253–60.
4. Ehrlich, P. R. 1994. Energy use and biodiversity loss. *Philos. Trans. R. Soc. Lond. B* 344:99–104.
5. Mori, S. A., B. M. Boom, and G. T. Prance. 1981. Distribution patterns and conservation of eastern Brazilian coastal forest tree species. *Brittonia* 33:233–45.
6. Morton, C. M., S. A. Mori, G. T. Prance, K. G. Karol, and M. W. Chase. 1997. Phytogenetic relationships of Lecythidaceae: A cladistic analysis using *rbc*L sequence and morphological data. *Amer. J. Bot.* 84:530–40.
7. Myers, N. 1990. The biodiversity challenge: Expanded hotspot analysis. *Environmentalist* 10:243–56.
8. ——. 1996. Two key challenges for biodiversity: Discontinuities and synergisms. *Biodiversity and Conservation* 5:1025–34.
9. Myers, N., R. A. Mittermeier, C. G. Mittermeier, G. A. B. da Fonseca, and J. Kent. 2000. Biodiversity hotspots for conservation priorities. *Nature* 403:853–58.
10. Nelson, B. W., C. A. C. Ferreira, M. F. da Silva, and M. L. Kawasaki. 1990. Endemism centers: Refugia and botanical collections density in Brazilian Amazonia. *Nature* 345:714–16.
11. Pimm, S. L. 1997. The value of everything. *Nature* 387:231–32.
12. Prance, G. T. 1990. Floristic composition of the forests of Central Amazonian Brazil. In *Four neotropical forests,* edited by A. Gentry. New Haven: Yale Univ. Press.
13. Prance, G. T., H. Beentje, J. Dransfield, and R. Johns. 2000. The tropical flora remains undercollected. *Ann. Missouri Bot. Gard.* 87:67–71.
14. Prance, G. T., and R. D. Smith. 2000. The millennium seed bank of the Royal Botanic Gardens, Kew. In *Nature and human society: The quest for a sustainable world,* edited by P. H. Raven. Washington, D.C.: National Research Council.
15. Ribeiro, J. E. L. da S., M. G. Hopkins, A. Vincentini, C. A. Sothers, A. da S. Costa, J. M. de Brito, M. A. D. de Souza, L. H. P. Martins, L. G. Logy, P. A. C. L. As-

sunção, E. da C. Pereira, C. F. da Silva, M. R. Mesquita, and L. C. Procopio. 1999. *Flora da Reserva Ducke: Guia de identificação das plantas vasculares du uma floresta de terra-firme na Amazonia Central*. Manaus: INPA.

16. Vane-Wright, R. I., C. J. Humphries, and P. H. Williams.1991. What to protect? Systematics and the agony of choice. *Biol. Conservation* 55:235–54.
17. Williams, P. H., D. I. Vane-Wright, and C. J. Humphries. 1992. Measuring biodiversity: Taxonomic relatedness for conservation priorities. *Australian Syst. Bot.* 4:665–79.
18. Williams, P. H., G. T. Prance, C. J. Humphries, and K. Edwards. 1996. Priority-areas analysis and the Manaus Workshop-90 areas for conserving diversity of neotropical plants (families Proteaceae, Dichapetalaceae, Lecythidaceae, Caryocaraceae, and Chrysobalanaceae). *Biol. J. Linn. Soc.* 58:125–57.
19. Wilson, E. O. 1992. *The diversity of life*. Cambridge, Mass.: Harvard Univ. Press, Belknap Press.

第7章
新しい生物探査の時代

ラブジョイ THOMAS E. LOVEJOY

この本の各章に描かれた展望は、何人かの人びとが「生物学の世紀」と呼んだものの核心だ。もし生物学が生命システムの複雑性とその詳細について、かつて夢にも思わなかったほど深く解明することができれば、現在から数十年の間に起こることは確実に、今の私たちの想像を超えたものになるだろう。そのような生物学の進展は、人類社会にはかり知れない利益をもたらすだろう。農業や林業、医学、資源管理、湖沼学といった伝統的に生物とかかわりの深いセクターはもちろん利益を享受するにちがいない。同様に、毒性のある化学触媒を酵素や生物がとって代わるような工業的過程や、生物による廃棄物の浄化などの環境修復技術、あるいは逆に、低濃度でしか存在しない貴重な資源を濃縮し、回復させる、生物学的濃縮といった活動においても、多くの利益がもたらされるだろう。ナノテクノロジーを含めた工業技術に生態学をとり入れて役立てるという夢は、私たちが考えるより実現に近い。

人類の活動において生物学がかつてないほど重要な地位を占めるとすれば、その将来展望は、生物多様性とその構成要因、つまり植物、動物、そして微生物に関する私たちの知識に依存している[8、10]。もし絶滅の速度がこのまま加速しつづけるのであれば、たとえそれが、現在の標準より一〇〇倍速いままのレベルにとどまったとしても、科学や社会にとっての将来はきわめて暗い見通しとなるだろう。

私がいつも驚くのは、私たちの科学の基盤である「生命の図書館」の破壊、つまり種の絶滅の、加速しつづける速度に対して、多くの同僚たちがもっとも利己的な意味においても関心がない、という事実だ。対照的に、一九六〇年代にアルノ川（Arno River）が氾濫し、イタリア・フィレンツェの数々の芸術作品の安全が脅かされたときには、美術史家たちはすぐにイタリア芸術を救う会を創設した。この素早い反応は、彼らの学問分野に必要な「資産」が脅かされていたからだけではなく、それらの「資産」が本質的に重要であると信じていたからだ。

私たちが専門家として、あるいは社会として一致団結して行動するべき時機はもうとっくに過ぎている。したがって今は、どのようにそういった行動がとれるのだろうか、が問題なのだ。物理学者たちが一致団結して加速器のような「ビッグサイエンス」プロジェクトのための資金を獲得してプロジェクトを実現させる能力を、私たちはうらやんでばかりいないで、具体的にどうすればいいのだろうか？　私は、その答えは、ビッグサイエンスについて異なる見方をすれば見つかると考えている。国際ヒトゲノム計画は、誰からもビッグサイエンスだと見なされており、私たちにとって有益なスタート地点となりうる（Human Genome ProjectについてはNature Feb. 15, 2001とScience Feb. 16, 2001を参照）。このプロジェクトの本質は、一文で表現できる――これは何十億ドルもの予算で行なわれた。同時にこれは、無数の研究者たちが自分の役割を果たし、チームや、何よりも社会全体が最大の受益者となるようにその成果を収穫した、よい例だ。

経済協力開発機構（the Organization for Economic Cooperation and Development；OECD）のメガサイエンス・フォーラムに所属する科学技術担当大臣たちがつくった地球規模生物多様性情報機構（the Global Biodiversity Information Facility；GBIF）は、同じような概念をもつ。まずは先進諸国の大きな自然史博物館や植物園にあって入手可能なデータから始め、あらゆる生物多様性についての情報をすべての人びとがインターネットを通して入手できるようにするのがゴールだ。ただし、たとえばメキシコが国立自然史博物館や英国の王立キュー植物園のような施設にデジタル化を依頼した標本データのように、ひとつひとつは細かなデータの積み重ねでできている。国際ヒトゲノム計画同様、これもビッグサイエンスではあるが、小さいけれど重要な構成要素がたくさん集まって築き上げられたものだ。

私たちはある意味で、まだ物事を十分に大きくとらえていないのではなかろうか。私たちが十分に大きく考えなければ、問題を時間的にも空間的にも十分に広く提示できないし、問題解決に十分な資源を要求することもできない。私たちの抱える科学的な問題が高度に細かく専門化しているだけに、それぞれに提供される研究費や資金は小規模になりがちだ。

何年も前にハッチンソンは、ひとつの疑問を投げかけた。なぜこんなに多様な動物がいるのだろうか？〈3〉これは、当時の科学の能力を超えた疑問だった。当時は（そして今も）私たちはいったい何種類の動物がいるのかを知らない。だから、なぜこんなに多種類の動物がいるのか、あるいはそれぞれの種類のなかになぜこんなにたくさんの動物がいるのかといった疑問に答えられない。それにもかかわらずハッチンソンは重要な結論を引きだしていた。オダムは、生態系の継続性について、伝統的な個体レベルだけではなく、もっと

上部組織のレベルで研究する必要があると主張し、この継続プロセスを「生態系の発展」と名づけた。〈2、5〉
この新しい視点により、新たなアプローチが生まれ、新たな疑問、そして成果も生まれた。私たちは、生物的に可能な範囲で、歴史が非常に大切な役割を果たしていることを知っている。同時に、生活史や、生物的あるいは無生物的なプロセスの間の相互作用、生物学そのものが、重要かつ複雑であることも知っている。〈4〉生物多様性に関する私たちの知識が限られているという現状は、私たちが重要な問題を考えたり、生物多様性が持続可能な文明への道にどんな意味をもたらすのかを考えたりするうえで、明らかに制約となっている。
私たちは、求めていることの大半が含まれるような、シンプルなテーマが必要だ。そういったテーマを解析する方法はたくさんあるが、最終的に選ばれるもののなかに最低限、次の二点が含まれることを私は希望する。それは、地球上の生命を探査し、どのようにこの世界が生物的に働いているのかを研究するという要素だ。

地球上の生命の探査

一五世紀半ば、ポルトガルの大航海者エンリケ王子は、サグレシュの天文台より、次から次へと探検隊を出発させ、大発見の時代を拓いた。もちろん、彼らだけではなかったが、ポルトガルが探査で果たした役割は大きなものだった。私は、現在また、似たような地球上の生物の探査の時代が到来すれば、今度は分子レベルの調査やリモートセンサー、膨大な量の情報を扱える情報技術など新しい技術のおかげで、きっとわくわくするような探査を行なうことができ、私たちの夢をはるかに超えるような成果をもたらすにちがいないと信じている。

系統的な生物学や、土壌の生物多様性の世界のような未知の世界のさまざまな側面からの探索においては、論理的に包括的な主題は、統合的なアプローチをとるだろう。科学的な正当性の基盤は、私たちの地球上の生命に関する基礎的な知識を完全にすることによって得られる。過去二五年間に私たちが経験したように、たとえば海底の熱水の噴出口の周囲に多様な生物学的群集が生存し、太陽光に依存するのではなく、むしろ地球の原始的なエネルギーに依存して生きており、しかもそこにいる生物たちは水の沸点をはるかに超える温度でも生存できるといったことを知るのは非常に興味深いことだ。同様に、無生物である分子のプリオンが、生物のようにふるまえるという現象について知ることも興味深い。今ここで私がしたような提案は、以前にもなされている。[7] 最近ではウィルソンが、このような基礎的な仕事は五〇億ドルあればできると試算している。[9] 私たちは、社会や財団からその支援が受けられるように、生物学に携わる関係者として一致団結して取り組まなければならない。

地球の生物的な働きは?

どのように生態系は働いているのだろうか。複数の種や、種の構成、そして生態系の機能などの複雑な関係はどうなっているのだろうか。今後、こういった問題について、驚くほどたくさんの刺激的なことがわかるだろう。生態系をいろいろな意味で実験的に操作する試みは、まず最初にハバード・ブルックの実験で行なわれた(第4章)。このような試みは、自然のシステムと、人類がそれらを操作する影響について、多くのことを教えてくれる。たとえば森林伐採が分水界や自然の窒素サイクル、そして人工的な窒素サイクルにもたらす影響についてたくさんの知見をもたらしてくれた。同時に、チーム研究についても多くの教訓を残してくれた。そのおかげで私たちは酸性雨問題を発見し、酸性雨により土壌成分が溶けだして森がほとんど成長を止める段階まで達してしまったという、もっと最近の気がかりな結果を発見することができた。

全米科学財団によって支援された長期生態研究地点(Long Term Ecological Research sites;LTERs)は、上記のような洞察を豊富に提供してくれる。より大きな規模の重要な関係やプロセスもある。たとえば、アマゾン川はどのように一帯の降雨量の半分に相当する雨を自ら降らせるのだろうか。あるいは洪水時には水で覆われてしまう世界最大のアマゾン川流域の森が、どのようにさまざまな種類の魚の重要な栄養源になっているのだろうか、といった問題についてのように。こういったプロセスは、結果的には地球規模で関連しており、年間を通した二酸化炭素の変化という形で現われる、地球の代謝としてとらえることができる。

このような幅広いテーマや大規模な調査の価値は、ほとんどすべての人がその必要性や潜在的にもたらされる恩恵について理解でき、公共的な立場からも実践的な立場からもその正当性を把握することができるという点にある。言いかえれば、このような調査は、統合的な応用科学のもっともよい側面を象徴しているのだ。一方で、こういった調査は、好奇心が原動力となっている幅広い科学の分野を網羅してもいる。さらに、これまで科学や環境に関する基礎的な知識を深める必要性そのものがひとつの独立したテーマだったが、幅広く大規模な調査は、そういった基礎知識を強化する機会も提供してくれる。[6]

全体として重要なのは、上記のような形で一緒に研究することにより、私たちは現在よりもっともっと効率的になれるという点だ。現在、私たちの要求はあまりにも簡単に退けられてしまっている。あたかも私たちは、「なんらかの基本的人権だ」と信じている研究費を与えられるまで、くちばしを大きくあけて、やかましくチーチーさえずっているコウウチョウのひな鳥のようだ。

生物個体を扱う生物学者たちは隅のほうに追いやられてきたので、十分なだけの研究費を要求するという考えすら浮かばないようだ。しかし、今、ヨーロッパの人びとが年間一一〇億ドル分のアイスクリームを消費し、アメリカ人が年間八〇億円の化粧品を使うような世界だからこそまさに、より正しくそして大規模な科学の実現に向けて、私たちは行動を起こすべきだ。バレットやオダムらは、こういった総合的なアプローチを「統合科学(integrative science)」と名づけた。[1]

生物個体レベルで、あるいは種のレベルで、そして生態系や景観のレベルにおいても、私たちの科学は、もっとも人類と密接な関係をもつことのできる科学だ。人類が環境に残す足跡はあまりにも大きい。私たちの社会は、大気圏と生物圏を一緒に管理していかなければならない。こういった課題に取り組むためには、ほかの分野と同様に、私たちの科学にも相当な投資が必要だ。そうすることによって二一世紀には、科学にとって正しいことと社会にとって重要なことが、ぴったり調和するのだ。そして、少なくともその調和を追い求めることが私たちの責任だ。

引用文献

1. Barrett, G. W., and E. P. Odum. 1998. From the president: Integrative science. *BioScience* 48:980.
2. Gleason, H. A. 1926. The individualistic concept of the plant association. *Bull. Torrey Bot. Gard. Club* 53:7–26.
3. Hutchinson, G. E. 1959. Homage to Santa Rosalia; or, Why are there so many kinds of animals? *Amer. Nat.* 93:145–59.
4. Levin, S. A. 1999. *Fragile dominion: Complexity and the common?* Reading, U.K.: Perseus Books.
5. Odum, E. P. 1969. The strategy of ecosystem development. *Science* 164:262–70.
6. Orr, D. W. 1991. *Environmental literacy: Education and the transition to a post-modern world*. Albany: State Univ. of New York Press.
7. Raven, P. H., and E. O. Wilson. 1992. A fifty-year plan for biodiversity studies. *Science* 258:1099–1100.
8. Wilson, E. O. 1992. *The diversity of life*. New York: W. W. Norton.
9. ——. 2000. A global biodiversity map. *Science* 289:2279.
10. Wilson, E. O., ed. 1988. *Biodiversity*. Washington, D.C.: National Academy Press.

第8章 熱帯における生物多様性と人間社会の統合

ジャンセン DANIEL H. JANZEN

「自然の庭園化」の基本概念

未開発地の多様な生物を活用するか失うかは大きい問題だ。その多様性を破壊することなく、また後世まで悪影響を残すことなく生物を利用する、あるいは未開発地の生物多様性を保ったまま開発する——これが生態系開発である。不動産開発業者となって「小動物群の生息地」や「低湿地」「カエルの森」「サルの聖域」「大海原を見下ろす高原」などを開発する場合、三大鉄則は、土地の生物多様性をそのまま保つこと、十分な知識をもっていること、そしてそれを利用すること、である。

自然保護はその地域の状況に応じて行なわれるものである。その方法は、保護される地域の生物的多様性や社会文化的な特性を考慮して開発されてきた。私がここで論じようとしている、生物多様性をいかした生態系開発が行なわれている土地は、コスタリカ北西部のグアナカステ保護地区（Area de Conservación Guanacaste；ACG）である。熱帯地方のほかの保護地区へ行っても、名前こそ違うが、行なわれていることはおおむね同じである。地域の自立性尊重、科学的根拠に基づいた方針決定、その土地に適した運営、生態系開発、生態系アプローチ、地域に対する尊敬心、期日を守る支払い、良心的な価格設定などが重要な要素だ。熱帯地方では、多様な野生生物はすべて、どこかの社会が所有している。保護地区における統合は、その特定の社会との統合であって、一般的な人間社会との統合ではない。ACGはひな型というよりは、生物多様性に理解のある熱帯不動産開発の試験的プロジェクトである。

ACGの生態系開発は、これから保護すべき土地を選ぶことに重点が置かれているのではなく、むしろ、すでに保護地区に指定されている原野で何をなすべきかを決定することに焦点を合わせている〈1、11、12、13、14、16〉。保護地区は、社会学的、生物物理学的な意味をもった広大な地域であり、今後もつねにそういった性格をもつであろう。それは土地利用法のひとつである。その利用法を長く続くものにしようと思うなら、地域内の人間社会に組みこまれたものでなければならない。そのなかで暮らし、働く人びとは、請求書に対してきちんと支払いをし、会議に遅れず出席し、子どもたちを学校に通わせなければならない。それは広大な地域丸ごとの統合である。自然の庭園化である。それは野生のなかで育っていく。保護のための仕事は、生物多様性の維持のためのものと、生態系維持のためのものとに区別することができる。多種類の収穫があり、作業は同時進行する。さまざまな業者との取引がある。保護地区の運営は、まさに、未開発地の不動産開発業である。

私は、市街地や農地のあちこちに散在する多様な野生生物の本来的な価値や、それを維持している人びとの果たしている重要な役割をおとしめるつもりはない。しかしながら、私の判断基準からみると、そういった場所の生物多様性の大部分は、道具箱のなかの道具であるべく運命づけられている。たまたまなんらかの利益をもたらすか、あるいは土地の所有者の目にとまらないために生き延びているだけだ。そのような生物の農業用開発や存続はこの章のテーマではない。

広域保護地区

グアナカステ保護地区はユネスコの世界遺産に登録されている。約四万三〇〇〇ヘクタールの海洋部分と、約一一万ヘクタールの地上部分を擁する。海岸から、九〇キロメートル幅の帯状にずっと植生を見ていくと、九つのホルドリッジ（Holdridge）生物分布帯が存在し、太平洋岸の乾燥森林帯から雲霧林（標高一五〇〇〜二〇〇〇メートル）を経て、コスタリカ北西部の大西洋岸の熱帯雨林にいたる多様な植生がある（http://www. acguanacaste. ac. cr および http://janzen. sas. upenn. edu/caterpillars/RR/rincon_rainforest. htm 参照）。これはコスタリカ政府の自然保護部門の一部が地方分権化されたものだ（Ministerio del Ambiente y Energía、Sistema National de Area de Conservación）。この保護地区には米国本土と同じぐらいの数の生物種がいる。[10]

ACGの入口の標識には「グアナカステ保護地区、生命と開発の源泉」（Area de Conservación Guanacaste, fuente de viva y desarrollo）と書かれている。キーワードは「開発」だ。この保護地区は熱帯世界で、「開発」という使命を標記した看板を入口に掲げる唯一の国立公園である。もしその使命が、保護をしながら生態系開発を行なうものであるなら、その地域は細分化された農地にならないよう広域な地域丸ごとそのままの状態を保たなければならない。

生態系開発の産物とは何か？　私たち人類は、農耕地の生産性を高めるために一万年以上の歳月を費やしてきたが、原野全体を庭園化するという仕事においては、まだ幼稚園の段階にいるにすぎない。ＡＣＧが変革に着手したのは、わずか一五年前のことである〈9〉。しかしながら、一部の産物はもうすでに目に見える形で現われている。それらは公式化することができる〈4、5〉。それらの産物の概要を紹介しよう。その産物とは、生物多様性の産物、生態系の産物、それに生命の宝庫を守るための巨大産物である。

生物多様性開発の産物

環境ツアー

エコツーリストはましな種類の家畜である。あるいはエコツーリストを作物にたとえるなら、「コスタリカの鳥類ガイド」が肥料の役目を果たす〈22〉。保護地区の森林は、エコツーリストという家畜にとって牧草地でもある。念入りに育てられたエコツーリストの群は、動物の家畜の群に匹敵する。彼らは原野を破壊することができるだろうか？　小さい原野ならばできる。それはちょうど、動物の家畜が増えすぎると牧草地をだめにしたり水飲み場を涸らしたりするのと同じである。エコツーリストという作物を原野の作物として育ててはいけないというのは、牛が増えすぎると牧場が荒れるから増えるのを放置してはいけないというのと同じことである。しかも人間は高度に社会的な動物である。したがって彼らの与える影響は未開発地のごく限られた場所に集中していたとしても、彼らがもたらす利益は地域全体にいき渡る可能性がある。スミソニアン協会も生物多様性研究所（INBioParque, http://www. inbio. ac. cr）も、エコツアーの教育的な活動は、すべて現地で行なう必要はないという見解を示している。ツーリズムが過小評価されないためには、それがコスタリカにもたらす外貨収入が、同国産のバナナとコーヒーがあげる外貨収益の合計より多いということに注目すべきであろう。

生物の知識

生物学の知識を身につけたＡＣＧ付近の住民たちは、小学校や中学・高校で受けた生物学の授業に対する授業料を、何十年もたってから投票行動や就業能力といった形で払ってくれる。ＡＣＧは毎年、周囲約二〇キロメートル以内に住む二五〇〇人の生徒全員に対して、森のなかで生物学の野外教育を実施している。子どもが生まれて初めて蛇に触るときや、木の葉の形を比べるとき、あるいは目隠しをして耳に聞こえてくる鳴き声から鳥の数を数えるとき、その子どもはあらゆる書物のなかでもっとも古くもっとも大きい本の読み方を学んでいるのだ。この本の内容は、全世界の図書館の蔵書——紙に書いたものであれ、電子データで保存されたものであれ——の内容に未来永劫、匹敵するものである。大きい保護地区は、幾百、幾千のさまざまなウェブサイトを網羅した、ひとつの大きなウェブサイトである。私は生物学教育を受ける機会がなかった人よりは、生物学的教養がある人のほうをどんな場合でも高く評価する。たとえ前者の活躍の舞台がナスダックの予測であっても、あるいは担当地区をパトロールする警察官であっても、iＭａｃの広告のコピーを書く人であっても。情報処理能力の優れたウェブサイトも、生物学に造詣が深ければ同じように付加価値が多く、同じように高く評価できる。私たちが人間性と機械との均質化に取り組みつつあるので、生物学に関心を深めれば、炭素をもとにしたウェブサイトも、少しは長く生き延びるかもしれない。

生態系維持のための将来計画

生物多様性を保つための人間による試みは、祖母たちや先住民族の時代から続けられてきた。しかしほかの哺乳動物や鳥類は私たちより前からずっとそれをしてきた〈7、21、23〉。無計画な試みであれ、生物学的に理にかなった方法であれ、その技術に大きい秘密があるわけではない。その秘密は、将来望みうる利益の一部分が未開発地自身に還元されるような収入の流れを、いかにしてつくるかということにある。そうすることによって、未開発地の維持費を自分たちで賄えるようになる。コーヒー一杯につき一セントを課す――かつては熱帯雨林の薬とも言われたコーヒーだが――とすれば、すべての熱帯林保護の費用は将来にわたって賄うことができるだろう。しかし、コーヒーに関しては、そのような還元方法をとるのは手遅れである。生物多様性を守るための将来計画における課題は、もっと科学的な知識を身につけることではなく、未来の薬品や殺虫剤、肥料、収穫機械、香水といった自然の収穫物を開発するさいに、あらかじめ保護活動に利益の一部が還元される構造を構築することであろう。

生態系の産物

水資源

すべての保護地区は、人間が住んでいる地域の上流にある。下流に住む人びとは、自分たちの必要とするあらゆる種類の水の製造工場がその保護地区であることをきちんと認識すべきだ。ACG内の森林に覆われた山地は、一〇万人以上の人びとに水を供給している。率直に言って、この水工場は、もし飲みつくしてしまえば、あまりにも犠牲が大きくなりすぎる。まず第一に人間は長い間、水へのアクセス権をめぐって争ってきたが、ひとたび手に入れた水は、無料で使えるものだと思っていた。水の製造工場である保護地区は自分自身で声を上げることはできない。そのためには弁護士や会計士が大いに必要とされている。第二に、水の利用者の多くは、経済的にぎりぎりの生活を送っている。無料だと思っていた水にお金を支払えば破産を招く。結果として水の製造工場が破産するという犠牲を払っても、これらの利用者を援助しなければならないだろうか？　ここに、共有地にまつわる悲劇が醜い頭をもたげてくる。生態系のサービスはとくに、このような共有体レベルの窃盗の影響を受けやすい。

炭素調整農場

私たちはみな、大気中に炭素が多すぎることを知っている。私たちは、その量が増えるのを阻止することができるし、減らしはじめることもできる。保護地区にある再生力をもった森林は、世界の煙突や排気筒の緑の掃除人である。ＡＣＧが開設された当初、周辺部には何世紀も存続している五万ヘクタールの牧草地があり、火災の管理によって乾燥地森林に復帰する機が熟していた。しかし、地球温暖化の問題は、熱帯の農地をすべて森林に戻しても解決しないであろう。その農地で人間社会が容易に炭素という作物を育てるからである（国の債権問題が負債と自然を交換する方式で解決しないのと同じことだ）。しかしながら、森林復活という緑の掃除人を使ってどんなにわずかでも炭素問題を解決しようとして、私たちは未開発地という庭園に資本を投下しているのである。重さ五トンの樹木のなかでも、体重五グラムのハチドリのなかでも、みごとにつくり上げられた炭素は自己調達し、自己再生するという生態系サービスを行なっている。私たちはその生態系サービスを利用して生物開発産業を興すのであるが、それは新製品を生むと同時に、炭素の量を安定化する保証にもなる。

生物分解

堆肥の山をつくることはおよそ新しい着想とは言いがたい。しかし、微生物の働きに期待しよう。熱帯地方の森林再生作業が行なわれている土地では、汚染されていない農業廃棄物を貪欲で多様な野生の生物によって生物分解させるのが、農地に提供されるもっとも優れた環境維持活動で、双方に利益がもたらされる方法である。ＡＣＧの森林地のなかの三ヘクタールの古い牧草地は、トラック一〇〇〇台分の処理ずみのオレンジの皮を二年足らずで食べつくし、その間に素早く森林の再生が始まる[6、11、14]（図8–1）。

しかし、管理または生物開発の側面で役に立つこの生物分解による再生活動は、大規模な環境保護対策を

A

B

図8—1　A：新しく置かれたばかりのトラック1000台分の加工処理したオレンジの果肉と皮。1998年4月14日に堆積された
B：1999年12月21日の同じ場所。オレンジの山は、野生のハエの幼虫と微生物によって完全に生物分解され、80種類以上の広葉草本の若草と樹木の若木が滋養豊かになった土壌全体を覆いつくしている（Modulo 2, Sector El Hacha, ACG)。(Daniel H. Janzen 提供)

推進しようとする組織に所有されている「国立公園」のなかで行なおうとすると、その農業関連業者と公園が、町の裁判所や競合する業者から国立公園を汚すと批判される。〈8〉行政スタッフは、「公的資金が私たちの競争相手を助けるために使われている」という非難にじっと耐えなければならない。そして科学的使命感をもった人望のある保護地区のスタッフが、自分たちのやっていることは野生生物の生物多様性を取り戻し、保護地区を運営していくうえで適切な活動であり、そのために何千トンもの農業廃棄物を利用しているのだと説明し、相手を納得させる必要がある。たんなる管理人ではその任に適さない。要求される自主自立の精神は、地方分権的な活動を続けることによってのみ養成されるが、こうした活動を中央集権的な政府はふつうあまり好まないものだ。自己の使命を理解している保護地区は、中央権力が傘下に組み入れるのは困難な大組織となる。

偉大な産物——生命の宝庫を救おう

保護地区の産物のなかで最大のものは、すべての人類のために未来永劫に（少なくとも次の知的ウェブサイト世代のために）その原野の生物多様性と生態系を保護することである。そこで行なわれている生物開発は保護活動である。保護地区の活動は破産することは許されないという点で、人間の手を加える開発とは異なっている。生物にダメージを与えない生物開発のめざすところは、自分たち自身と国税庁に対し責任ある市民として、家賃や駐車場料金の支払いをけっして忘れてはならないということである。ACGはその地方では最大の、そしてもっとも古くからの雇用主である。しかし、農地や市街地のすべての悩みの解決に対応するための行政府ではない。その保護地区の目的は、その地域内で生物が生き延びられるよう保護することだけに限定される。

自然の庭園化に用いられる道具

広大な保護地区を人間社会に統合するためには、主に二組の道具が必要である——ひとつは生物学者になじみのある道具（すなわち分類学や博物学、生態学、進化生物学、科学的根拠による決定、農業、生物工学、電算化）、そしてもうひとつはあまりなじみのない道具（用途別土地区分、法律制定、市場売買、利益配分、自立化、大衆化、人間性）である。

しかし、使いなれた道具であっても、保護未開発地の生物開発でそれを使おうとすると驚くべきことに出会うことがある。たとえばACGが、隣接する土地を熱帯雨林の再生のために手に入れると、そこには森林と古い牧草地が細切れに混在している。乾燥地森林内の牧草地が焼き畑など人為的な火災をやめると次第に森林化してくるのとは対照的に、熱帯雨林内の牧草地はいつまでも執拗に存続し、森林化しない（図8–2、図8–3A）。熱帯雨林のなかにある商業用パルプ材農園は、熱帯雨林の保護に携わる者にとっては厄介者だ

A

B

図8−2　A：ジャラグア草（jaragua grass）の生えた数世紀前からの家畜用牧草地。1972年7月25日撮影

B：1999年4月25日の同じ場所の風景。15年間焼き畑を控えた結果、風と脊椎動物によって運ばれた種子から森林が再生された（Cliff Top Regeneration Plot, Sector Santa Rosa, ACG）。（Daniel H. Janzen 提供）

A

B

図8—3　A：アフリカ産の草を植えた牧草地を日陰で覆うため、1999年10月に商業用のグメリナ（gmelina）を植林した熱帯雨林の牧草地（1999年12月18日；Sector San Cristobal, ACG）

B：グメリナ（写真の高い樹木）を植えた後6年間除草しなかった熱帯雨林の牧草地。熱帯雨林の若木や灌木、蔦類の低木層が自然に繁茂し、上層を形成しているグメリナが伐採された後は、熱帯雨林再生の準備が整う。高さの参照に右下の人物に注目（1999年3月10日；ACGのSector San Cristobal に隣接した Rincon 熱帯雨林　http://janzen. sas. upenn. edu/caterpillars/RR/rincon_rainforest. htm）。（Daniel H. Janzen 提供）

が、この牧草地の除去によい道具を提供してくれる[20]。ＡＣＧはこの農園と同じパルプ材グメリナ（gmelina）の市販の種を牧草地に直接まいて育てている[14]（図８−３Ａ）。成長の早いこのパルプ材用樹木は、牧草を根絶やしにする鬱蒼とした日陰をつくる。一方で、日陰を好む鳥たちやコウモリ、それに小さな陸上哺乳動物たちが、熱帯雨林の日陰に耐性のある小さな植物、蔓草、樹下に生える灌木などのいろいろな種の雨を、たえず降らせてくれる（図８−３Ｂ）。これらの下草はやがて、パルプ材のグメリナが八年のローテーション期間（最初で最後の）を終えて収穫されると、日陰から解放されてそのまま生きつづけ、熱帯雨林再生の第一段階が始まる。そしてもし市場運がよければ、保護区の運営財政はグメリナの売却で貴重な収入源を得ることになる。

コンピューター通信のブレーブ・ニュー・ワールド（Brave New World）は、保護地区と人間社会との統合にさいして、チェーンソーや鋤を使った荒々しいやり方でなく、ウェブサイトを通してやさしく進めていく道具を与えてくれた。私たちは全員ウェブサイトについて知っている。また、イエローページのことも知っている。私たちは後者の機能性と、前者の気分が高揚するようなパワーを併用する方向で進んでいる[11,17]。機械面――データベース、当局の文書、相互運用性、ワイヤレス・インターネット、サーチエンジンなど――では前進が見られる[3]。

今、不足気味なのは、社会のニーズに合わせて統合されるべき未開発地自身の情報である。たとえばイメージ、博物誌、分類学上の種の種類などだ。もし、私たちがコンピューターのキーボード上で保護地区内を散策する情報を発信しようとしたら、誰かが実際に森林を歩いてそのためのデータベースを準備しておかなければならないし、誰かが写真を撮り、誰かが生物の名前をきちんと整理しておかなければならない。さらに言えば、誰かがニューヨーク・タイムズの学芸欄の記事をしのぐ記事が書ける程度まで、生物学的教養を身につける必要があるだろう。人的資源については期待したいことがまだまだある。しかし今のところは次のように言うにとどめておこう。

私たちは保護地区にいて、未開発地の生物の目録づくりをしなければならない。だがそれは、その地区に何種類の生物種がいるかを数えるためではなく、私たちが彼らに近づき、彼らが何をするのかを理解するためである。電話帳のイエローページは、ロンドンの店の数が数えられるようにつくられているのではない。生物目録の本当の役割は、保護すべき地区をもっと選ぶことではなく――私たちはその地区がどこであるかの、おおよその見当はついている――すでに保護地区になっている地域の生物多様性を、無害な生物開発に利用し、保護地区がずっと保護されつづけるようにすることだ〈19〉。

生物学者が二番目の道具箱、つまり社会学的性格の強い道具箱の使い方に慣れていないという事実が示唆するのは次のような点だ。(1)どこの保護地区においても、社会との統合のためには、分野を超えた新しいチームワークが要求されるであろう。(2)政治家と経済界の衝突に直面した生物学者がその間に立って舵を取り損ね、失敗する保護区が出てくるだろう。(3)地域の自立性と科学的な方針決定というもっとも重要な要素が、熱帯地方全域に浸透するのが遅れるだろう。このような状況のなかで生物学者たち自身は、修士課程以上の学生の先生になったり、科学振興財団の交付金を扱う事務員になったりしなければならないだろう。銀行家や昆虫採集家ともつきあわなければならないだろう。

コスタリカの疑似分類学者と疑似生態学者は、おそらくケーススタディの対象として価値があると思われる〈2、18〉。それは、保護地区のために誰が生物開発の情報を集めるべきかという質問に対する解答になるだろう。もし生物多様性のイエローページが必要なら、あるいはもし生物開発を行なうなら、あるいはもし科学的基準で政策決定がなされるべきなら、そのときは早急に、現地の事情を踏まえた生物情報の収集家、経営管理者、電算機操作の専門家としての経験を積んだ人材を育成しなければならない。

未開発地の存在自体を高く評価する世界では、保護されている生物たちをよく理解しないまま、保護活動が何年も何十年も続けられることがありうる。しかし、生物開発によって生き残ろうとする保護地区は、生物の知識がなければ、けっして生き残れない。この一群の人的資源は、すでに席がいっぱいになったテーブルにつこうとして急に現われたグループではあるが、社会的にも文化的にもきちんと受け入れられなければ、そこの保護地区は効力を発揮しないだろう。しかしながら、この最近出現した一群の疑似分類学者と疑似生態学者は、彼らがどんなことを約束したとしても、あまりにも多くの合法的あるいは非合法的な社会問題への取り組みで失敗してきている。彼らに将来の見こみがあるとすれば、それは彼らが既存の社会構造と葛藤しながら、自分たちの生物目録の価値を認めてくれるもっと規模の大きい独立組織に直接ぶつかり、受け入れてもらえた場合だけであろう。経営や科学的権限を労働者階級の手にゆだねることは、熱帯地域では広く歓迎されてはいない。

牧場主のパレード

ACGは近くの州都で毎年開催される牧場主のパレードのなかで、ひときわ目立つ山車を出している。疑似分類学者やプログラム・コーディネーター、部門別世話人、トラック運転手といったACGのスタッフが馬に乗り、国旗や州旗、ACGの旗を掲げて行進する。カウボーイを先頭と最後尾に配置している。おや？熱帯の保護地区では、森林に馬の蹄跡を残すことは長年敵視されてきたのではなかったか。しかし、ACGの第二代理事長は、以前、その州の牧場主協会の会長を務めていたのだ（そして初代理事長はその町で最大の製材工場のオーナーだった）。

ACGの一団はこのように言っているかのようである。「私たちは、あなた方の牧場のすぐ隣のもうひとつの牧場です。私たちの妻はあなたたちの奥さんと同じ店で買い物をし、私たちの娘や息子はあなたたちの子どもさんと同じ学校に通っています。私たちはあなたたちの家族の若者を雇い、あなたたちは私たちのところの若者を雇っています。私たちはみんなこの地域で一緒なのです。私たちのところの生産物はあなたたちの牧場の家畜とは違っているかもしれませんが、菜園でつくったものです」

後継者

次の世代の環境行政官や生物学教授、生物学的起業家たちは、今日の疑似分類学者や疑似生態学者からは出てこないだろう。消防隊員たちは、古い牧草地に火をかけて焼き払うことをしなかったら、植樹するよりはずっと早く熱帯乾燥森林を再生できると言っていたのだ。しかし、今の世代のすべての生物開発業者には子どもがいるし、隣人にも子どもがいる。この子どもたちは生物開発業者を尊敬し、自分たちの見習うべきモデルだと思って育っていく。今日の自然保護の担い手や政策立案者は、彼らが子どものときからやってきたことをやっているのだ。ただ、着ている服装が親の時代よりしゃれているだけだ。こうした、熱帯地方の疑似生態学者や環境ツアーのガイドたちの子どもの世代から、次世代の熱帯生物開発政策の立案者や、森林の生物開発業者が出てくるだろう。

生物開発アプローチの要点

大規模に社会との統合を果たしている保護地区のことを、生物多様性条約では「生態学的アプローチ」として紹介している。一九八五年以降、あるいはもっと以前から行なわれているACGの生物開発の活動のアプローチ法は次のようにまとめられる[15]。

1 活動が認められなければならない。

好意的な政府の政策と、現場でそれを実行することが認められている人びとがいなければ、生物開発による保護活動は成功しない。生物多様性条約のような国際法やさまざまな国内法は、政府の政策の助けとなる。その政策を実行することを許された人びとは、地方分権や知識に基づく適切な管理に助けられる。

2 活動は土地の事情に基づいて行なわれる。

どの土地を農地にし、どこを市街地にするか、あるいはどの原野を保護地区にするかは社会が決めるべきことである。生態学的アプローチは、土地の選び方にはあまり関与しない。関心事は、いったん保護地に指定された原野をどのように守っていくかということである。社会が指定に賛成するのは、多くの場合、その土地利用法が社会にとって価値があると考えるからである。その価値はふつう、生態学的アプローチを通して保護地区にもたらされる価値である。生態系保護活動はどんな規模でも行なえる。与えられる保護地区にはたいてい多くの生態系が存在している。

3 活動は知識に基づいて行なわれる。

その土地に関する専門知識が（多くは科学的な知識だが）、適切な政策決定を推進する。分類学や博物誌、回復率、人間の与える影響や人間による利用状況などに関する知識は、その地域の経験豊かな人的資源（生物多様性関連事業の経営者と付近の住民の両方）がもっている。また、その地域の社会全体ももっている。知識は、保護活動の課題と同じように、たえず変化しまた成長するものであり、それによって人びとは目標に向かって「行動しつつ学ぶこと」や「柔軟な経営」の大切さを認識するようになる。活動の重点は、目標をつねに前に掲げることと、その目標に到達するための道を、可能性のある多くの小道を経ながら探っていくことにある。融通のきかないお役所的な古いルールは、決められた当初いかに適切であっても、この流動的な生物学的社会学的環境では、日常のガイドラインとしてあまり役に立たない。

4 活動は地域社会に根を下ろし、全員参加型で、地方分権的である。

官民を問わず組織や人的資源には、大勢が参加できるし、そうすべきである。しかし、保護地区では同時にまた、中央集権的な政治を排除し、市民としての責任を分担し、生物物理的境界を尊重しなくてはならない。保護地区のスタッフが活動に全責任をもって従事することが許され、期待され、訓練を受けられることも必要だ。

5 活動は、該当する保護地区と、その地域、国内および国際社会の特性を踏まえて計画されたものである。これは、大規模な保護地区は、ひとつひとつが多くの点でユニークなものとなることを意味する。

6 活動は、行政活動の人工的産物ではなく、それ自体が生物物理学的目的をもったものだと見なされる必要がある。

行なわれている活動は生物学的に見て生態系を維持するうえで意味をもったものであることが必要だ。保護地区に現存の法律や規則を適用するさいには、一般社会で習慣的に運用されているよりは、ずっと柔軟に普遍的に行なわれなければならないかもしれない。

7 活動は、ひとつの起業であり直接製品を製造する部門であると見なされ、またそうあることを認められている。

土地利用の生産的な形のものであるという意味では一般的な農地と同じである。保護地区に適用される生態系アプローチは消極的な保護ではない（ある地域の保護区では今でも、大部分の美術館や科学博物館でやっているような、比較的消極的な保護策をとっているかもしれないが）。

8　保護地区の設立と維持の方法は最適化の問題である。

人の足跡が残っていない保護地区はないし、原野の「すべての」生物多様性を保存するのは絶対不可能だということを、はっきり認識しなければならない。薬が、ある人の全身の健康状態を考慮したうえで特定の病気に対して処方されるのと同様に、保護未開発地の特定の利用は、保護地全体の状況と社会文化的な背景との関連で考える必要がある。

9　保護地区の仕事は、農地の法則とはまったく異なる法則で進められる。

それは、生物の種や生態系は、どこで発見されたかにより扱い方が違ってくることを意味している。内臓にナイフを入れるという行為は、ある状況では凶悪犯罪行為であるが、他の状況では生命を救う外科的治療法だ。

10　保護地区では、生物多様性自体と生態系を生き残らせることが目標であり、その結果、利用法の多い、役目の多い副産物を多量に生産する。

農地や市街地では、生物多様性と生態系の維持は、健康で正常な農地を開拓して維持するための道具である。しかしどんな生物が生き残り、生態系がどんな状態になるのかは、一般的に最優先事項ではない。そして、生態系の利用法は保護地区の利用の仕方よりずっと単調である。

11　保護地区は、農地の健全な環境に対して責任を負うことはできないし、そう見なすべきではない。しかし、保護地区の知識や人的資源、そして時には実際の生物多様性や生態系サービスが、農地や市街地との地域間の共存を図るときに価値ある要因となりうる。

二一世紀に向けての挑戦

生物開発という概念を広め、同時に実証するために、熱帯の保護活動家がはたして、その地域や国や国際社会のほかの人びとと手を携えて、大規模な保護地区で合法的な土地利用であると広く認められ、実際的で、機能的な生物開発の活動ができるだろうか？　予算や保護地区での生物開発活動からあがる収益のかなりの額が、保護地区やその所有者、経営者にいってしまうことがわかっているのに、起業家や商売人がはたしてそういったシステムを受け入れ、そういったシステムの開発に参加するだろうか？　私たちの仲間の生物学者たちが、はたして地域や国、国際社会の手による無害な生物開発のために、未開発地の生物多様性と生態系を維持する活動を提供することに喜びと達成感を覚えるだろうか？　まだまだ国内に多くの生物多様性を残している熱帯の国々の政府がはたして、上に述べたような活動を許可するだろうか？　私たちはこれらの挑戦が実を結ぶまでに一〇〇年も待ってはいられない。明日までしか待てない。

謝辞

私は何も新しいことを言っていない。これは政治的な論評である。土地利用政策への主張である。目をみはるような新しいアイデアではない。私は、もうすでに多くの人びとが表明したアイデアや感情を主張しているにすぎない。しかし、私はそれらの意見を引用していないし、人名を明記して紹介していない。そうするほうが気が楽ではあるのだが。その理由は、ひとつの政策を主張し提案することは、たくさんの資料から得たアイデアや感情、思想、印象などを混合することだと気づいたからである。私自身のハードディスクは古いので、個々のアイデアがどこからきたのかがもうわからない。わかっている気がするときでも、あなた方のなかのもっとやさしい気持ちをもった人が、それは誰かほかの人の意見だと私に思い出させてくれる。そこで私はこの場を借りて、目の前で熱帯林が消滅していくのを観察しつづけたこの何年もの間に臆面もなくアイデアや印象を拝借したすべての方々に、心からお詫びを申し上げる次第である。この政策の主張が、熱帯の生物多様性と人間社会の統合にほんの少しでも役に立ち、アイデアを盗んだ私に対する皆さんの気持ちが和らぎ、喜んでもらえることを祈っている。

引用文献

1. Allen, W. 2001. *Green Phoenix: Restoring the tropical forests of Guanacaste, Costa Rica*. New York: Cambridge Univ. Press.
2. Basset, Y., V. Novotny, S. E. Miller, and R. L. Pyle. 2000. Quantifying biodiversity: Experience with parataxonomists and digital photography in New Guinea and Guyana. *BioScience* 50:899–908.
3. Butler, D. 2000. Search engines. *Nature* 405:112–15.
4. Constanza, R., R. d'Arge, R. de Groot, S. Farber, M. Grasso, B. Hannon, K. Limburg, S. Naeem, R. V. O'Neill, J. Paruelo, R. G. Raskin, P. Sutton, and M. van den Belt. 1997. The value of the world's ecosystem services and natural capital. *Nature* 387:253–60.
5. Daily, G. C., ed. 1997. *Nature's services: Societal dependence on natural ecosystems*. Washington, D.C.: Island Press.
6. Daily, G. C., T. Soederqvist, K. Arrow, P. Dasgupta, P. Ehrlich, C. Folke, A.-M. Jansson, B.-O. Jansson, S. Levin, J. Lubchenco, K.-G. Mäler, D. Starrett, D. Tilman, and B. Walker. 2000. The value of nature and the nature of value. *Science* 289:395–96.
7. Dutfield, G. 2000. *Intellectual property rights, trade, and biodiversity: Seeds and plant varieties*. London: Earthscan Publications.
8. Escofet, G. 2000. Costa Rican orange-peel project turns sour. *EcoAmericas* 2:6–8.
9. Janzen, D. H. 1988. Guanacaste National Park: Tropical ecological and biocultural restoration. In *Rehabilitating damaged ecosystems,* vol. 2, edited by J. J. Cairns. Boca Raton, Fla.: CRC Press.
10. ——. 1996. Prioritization of major groups of taxa for the All Taxa Biodiversity Inventory (ATBI) of the Guanacaste Conservation Area in northwestern Costa Rica, a biodiversity development project. *ASC Newsletter,* no. 26:45, 49–56.
11. ——. 1999a. Gardenification of tropical conserved wildlands: Multitasking, multicropping, and multiusers. *PNAS* 96:5987–94.
12. ——. 1999b. La sobrevivencia de las areas silvestres de Costa Rica por medio de su jardinificación. *Ciencias Ambientales,* no. 16:8–18.
13. ——. 2000a. How to grow a wildland: The gardenification of nature. In *Nature and human society,* edited by P. H. Raven and T. Williams. Washington, D.C.: National Academy Press.
14. ——. 2000b. Costa Rica's Area de Conservación Guanacaste: A long march to survival through nondamaging biodevelopment. *Biodiversity* 1:7–20.
15. ——. 2000c. Essential ingredients in an ecosystem approach to the conservation of tropical wildland biodiversity. Address to SBSTTA for COP 5, CBD, Montreal, Feb. 1, 2000. Unpub. ms. (www.biodiv.org/doc/sbstta/sbstta5).
16. ——. 2002. Ecology of dry forest wildland insects in the Area de Conservación Guanacaste, northwestern Costa Rica. In *Biodiversity conservation in Costa Rica: Learning the lessons in seasonal dry forest,* edited by G. W. Frankie, A. Mata, and S. B. Vinson. Berkeley: Univ. of California Press.

17. Janzen, D. H., and R. Gámez.1997. Assessing information needs for sustainable use and conservation of biodiversity. In *Biodiversity information: Needs and options,* edited by D. L. Hawksworth, P. M. Kirk, and S. Dextre Clarke. Wallingford, Oxon, U.K.: CAB International.

18. Janzen, D. H., W. Hallwachs, J. Jimenez, and R. Gámez. 1993. The role of the parataxonomists, inventory managers, and taxonomists in Costa Rica's national biodiversity inventory. In *Biodiversity prospecting,* edited by W. V. Reid et al. Washington, D.C.: World Resources Institute.

19. Myers, N., R. A. Mittermeier, C. G. Mittermeier, G. A. B. da Fonseca, and J. Kent. 2000. Biodiversity hotspots for conservation priorities. *Nature* 403:853–58.

20. Parrota, J. A., and J. W. Turnbull, eds. 1997. Catalyzing native forest regeneration on degraded tropical lands. *Forest Ecology and Management* 99:1–290.

21. Reid, W. V., S. A. Laird, R. Gámez, A. Sittenfeld, D. H. Janzen, M. A. Gollin, and C. Juma, eds. 1993. *Biodiversity prospecting*. Washington, D.C.: World Resources Institute.

22. Stiles, F. G., and A. F. Skutch. 1989. *A guide to the birds of Costa Rica*. Ithaca, N.Y.: Cornell Univ. Press.

23. Svarstad, H., and S. S. Dhillion, eds. 2000. *Responding to bioprospecting: From biodiversity in the South to medicines in the North*. Oslo, Norway: Spartacus Press.

第9章

生物学と人間学——一体化への道筋

ウィルソン Edward O. Wilson

皮肉と懐疑主義が支配的な知的ファッションとなっている時代に、無謀だと言う人もいるかもしれないが、私が僭越ながら示唆してきたのは主として次のようなことである。人類が置かれた状況を明らかにする方法はたくさんあると思っている人が多いが、実際には二つの方法しかない。第一は自然科学の方法である。その分野の実践家たちは四世紀以上も前から仕事に着手し、物質の世界がどのような仕組みになっているかを解明するのにかなり成功した。彼らが先行していたのは誰もが認めるところである。人間の状況を説明する第二の方法は、そのほか全部の方法である。

一八世紀以降、学問は大きく自然科学、社会科学、人文科学に分類されてきた。今日、私たちは二つの選択に迫られている。ひとつは、学問の大きい分類を一体化させようとする、つまり、因果関係的な説明によって整合性や相互関連性をもたせようとする方法と、一体化させないままいくというもうひとつの方法の間の選択である。普遍的な一致点を探して一体化させる事業は、確かに真剣に試みる価値がある。人間の脳も心も文化も、やはり物質的な実在や作業過程からできており、実在するこの世界の外の天体に浮遊して存在するのではない。
人間の学問を統合的にとらえる表現としてもっとも的確な言葉は、「一体化（consilience）」である。それは分野を超えた因果関係の説明を組み合わせる。たとえば、物理学と化学、化学と生物学、それに、異論が出るかもしれないが生物学と社会科学だ。[3]「一体化」という言葉は、自然科学の近代的概念の基礎を築いたウェーウェル（William Whewell）が紹介した。[2]この言葉は「整合性」や「相互関連性」といった言葉より有用である。なぜなら、一八四〇年以来あまり使われていなかったので、本来の意味が保たれているからだ。それに対し、「整合性」や「関連性」という言葉はさまざまな分野で、いろいろな意味に使われるようになってしまった。

「一体化」は当初、分野を超えた因果関係的な説明と定義され、十分信頼されてきた。それは自然科学を育てた母乳のようなものである。一体化によって、この世界がどのような仕組みで動いているのかについて物質的理解が進み、その技術的副産物が近代文明の基礎となった。そして今、社会科学や人文科学との一体化についてもっと真剣に考えるべき時が来たと私は思う。自然科学の領域を超えてほかの大きい学問の分野へと、一体化の枠を広げる可能性を信じてはいるが、自然科学の場合と同じではない、少なくともまだ同じでないことは、私もただちに認める。これは形而上学的な世界観で、しかも、ごくわずかな科学者や哲学者に理解してもらえるだけの少数派の見解である。これを支持する意見もせいぜい、自然科学の分野ですでに矛盾しないと認められた成功事例からそう推定するにすぎない。その世界観が人びとにもっとも強くアピールするのは、知的な冒険が期待できるという点と、まだわずかしか成功していないとしても、人間の状況をより正確に理解するうえで意味があるという点である。

私はまた、学問の統合に力を注ぐことは、実際に急を要することだと思う。この意見については、ひとつの例をあげて説明させてもらいたい。ひとつの平面上に直角に交わる二本の境界線を引き、その平面を四分の一ずつの領域に分けるとする。最初の領域を環境政策の領域、次を倫理学、その次を生物学、最後を社会科学の領域とする。どの分野にもそれぞれの専門家がいて、独自の用語を用い、実証のルールを決め、妥当性について自分たちの基準がある。そこで具体的な課題、たとえば森林の管理、環境の倫理、エコロジー、経済的な意味などといった課題について、それぞれの領域のなかで答えを探ろうとすると、一般的な理論が次第に具体的な問題の分析になっていくことに気がつくだろう。

そしてどの課題の場合でも、私たちは解答を求めてひとつの分野から次の分野へと、右回り、あるいは左回りに移っていかなければならないことを知る。ひとつのことを議論する場合でも、あるいは議論のなかのひとつか二つの文について考える場合でも、平面上の四領域をくるっと一回り円を描いて回らなければならない。同心円を描きながら分野を分けている境界線に近づいていく場面を想像していただきたい。境界線に近づくにつれ、そこにはもっとも現実的な問題が存在しているので、回転はだんだん困難になり、その動きはますます方角を失い異論が続出する。

人間の思索を非常に悩ませている問題の核心は、一方に自然科学、もう一方に人文科学と人文学的社会科学があり、その両者の間に断層線が引かれていると広く信じられていることだ。両者は大まかに言葉をかえて言えば、スノーが彼の有名な講義（Rede Lecture）のなかで定義しているように、科学的教養と文学的教養と言える。[1] 問題の解決策は、この境界は断層線ではないと認めることだと思う。それは永続的な認識論上の境界ではないし、多くの人が心のうちにその壁をもっているかもしれないが、科学の世界の野蛮な還元主義者から高度な文明を守るためにつくられた「ヘイドリアンの壁」でもない。私たちがやっとわかりはじめたのは、この境界はけっして一本の線として存在しているのではないということだ。線ではなく、二つの分野の双方から協力の手が差し伸べられるのを待っている、まだよく解明されていない物質的な現象からなる広い幅のある地帯なのだ。

過去二〇年の間に、三つの境界領域分野が華々しく自然科学に、もっと正確に言えば生物科学に登場して、橋渡しの働きをするようになった。まずは認知神経科学。脳の働きについて、空間的にも時間的にも解析度を上げて分析しつつある。次は人類遺伝学。これには人間の行動の遺伝学も含まれる。そして最後は社会生物学を含む進化生物学（しばしば進化心理学と呼ばれる）。これは人間性の生物学的起源をたどろうとする分野である。社会科学の側からみれば、これら境界領域には認知心理学と生物学的人類学が含まれる。この二つの学問は、生物学に起因した上記三つの領域とかなりの程度まで一体化してきている。事実、因果関係的説明を通して、両者はもうぴったり合っている。ヒトゲノムの塩基配列の決定や遺伝子のある場所の決定の速度などからも裏づけられるように、両者のつながりは急速に強化されている。ヒトゲノムは二〇〇一年、ついに完全に解明された（Nature Feb. 15, 2001; Science Feb. 16, 2001 参照）。

異なる学問の分野間の連係がなぜ大切なのか？　それはこの連係が人間性を特徴づけるうえで、より客観的で正確な見通しを提供し、その精密さが人間の自己理解への鍵となるからである。人間性の直感的な把握は創造的な芸術の実体であった。それは社会科学の基盤だったし、自然科学にとっては手招きをしている神秘的存在であった。人間性を客観的に把握し、科学的に深く掘り下げ、派生して出てくる結果を理解することは、学問の究極の目的の達成や「啓蒙主義」の夢の実現に近づくことだろう。

さて、問題を修辞的に論じるばかりで未解決にしておくのではなく、まず人間性について仮の定義を提案し、例をあげて説明したい。人間性はそれを規定している遺伝子ではない。人間性はまた、近親相姦のタブーや通過儀礼といった文化的普遍性でもない。それらは人間性の産物である。人間性はむしろ後成的な規範であり、遺伝的に受けつがれた精神発達上の秩序である。その規範は、私たちが感覚で外界を感知するさいの遺伝的偏見であり、外界を描写するさいに用いる象徴的な記号であり、自分たち自身に認めている選択肢であり、もっとも容易で効果的だと感じる反応の仕方である。

生理学のレベルで、ときには遺伝学のレベルにおいてさえも最近注目を集めはじめている観点からみると、後成的な規範が、人間が物を見るさいの見方や色を言語で区別するさいの方法を変える。その規範により私たちは、芸術的なデザインの美しさを、初歩的な抽象性や複雑さの度合いで評価している。私たちはこの後成的な規範によって、行動や物の考え方のいくつものカテゴリーのなかから個々の場合に応じて、身の回りの危険（蛇や高所など）に対する恐怖心や恐怖症を身につけ、顔の表情や身体言語によって意思の疎通を図り、幼児と親密な関係を結び、夫婦が愛しあう、といったさまざまなことを行なう。大部分の行動様式は明らかに、何百万年も前の哺乳類の祖先にまでさかのぼれるほど古い。しかしそのほかの行動、たとえば言語の発達は人類独自のもので、おそらく何万年の歴史しかないだろう。

後成的規範の一例として、近親結婚を避けようとする本能について考えてみよう。鍵を握る要素はウエスタマーク効果である。フィンランドの人類学者ウエスタマーク（Edward Westermarck）の名前に由来してつけられたこの現象は、彼によって一世紀前に発見された。二人の人間がそれぞれの人生で最初の三〇カ月間、同じ家庭環境で親密に暮らすと、のちに二人とも相手に対し強い性的魅力や愛情を感じない。この行動の基盤になっている遺伝学的な解釈や神経生物学的メカニズムについては今後の研究を待たなければならないが、ウエスタマーク効果は人類学上の研究では十分立証されている。人間以外の霊長類でも、性行動を詳しく観察した結果、すべてウエスタマーク効果がみられた。これにより、人間で観察されたことがよりいっそう確実なものになった。それゆえおそらくこの習性は、現代の人類であるホモサピエンスの出現より何百万年も前に、人類の祖先の間にすでに広まっていたものと考えられる。

　ウエスタマーク効果説は、もっと広く知られているフロイトの近親結婚忌避の理論と相容れない。フロイトによれば、もともと同じ家族のメンバーは互いに強く惹かれあうものなので、家族間のセックスが認められた結果生ずる社会的な被害を防ぐために、人間社会はインセスト・タブー*を設ける必要があるのだという。しかしこの問題については、フロイトに反対する説のほうが明らかに正しい。インセスト・タブーは、親から受けついだ比較的単純な後成的規範にしたがって反応した結果、その自然な産物として生じたものである。その後成的規範というのがウエスタマーク効果である。ウエスタマーク効果が表われる利点はもちろん、それによって近親結婚による鬱病や死産、障害児の出産を減らすことができる点である。自然淘汰によって人類が進化してきた過程で、ウエスタマーク効果がどのように生じたのかを見ると、その規範の淘汰圧が非常に厳しかったことがわかる。

＊インセスト・タブー――近親相姦禁忌。

もうひとつ、まったく異なった領域、美的判断の基準について考えてみよう。抽象的な図案を提示している間に脳のアルファー波がどのように変化するのかを特別な装置で測定し、神経生物学的な観測を行なった結果、次のような事実がわかった。被験者の脳がもっとも大きい刺激を受けるのは、図案の要素が二〇％重複している場合、あるいはもっと大ざっぱに言えば、簡単な迷路のなかの複雑な部分の分量によって、または対数らせん＊の二回転や、非対称な十字形がある図柄を見せられたときなどである。彫刻や格子柄細工、社章、表語文字、旗のデザインなど、非常に多くの作品のなかに、ほぼ同じような図柄が共通して使われているのは、偶然の一致かもしれない。古代エジプトや中米の国の象形文字でも、アジアの近代言語の象形文字にも同じ現象が見られる。

＊対数らせん――巻き貝のらせんように、中心（O）から離れるほど、間隔が広がっていくような曲線。曲線上の任意の点をPとすると、OPと、Pの接線とのなす角が常に一定になる。

同じアプローチをほかの方向に向けるために、人びとがほかの有機体、とくに自然界のほかの生物と自分たちの先天的なつながりを探求しようとする生物自己保存本能について述べてみたい。研究の結果、自分の家やオフィスの場所をまったく自由に選んでよいと言われた場合、人びとは三つの要素をあわせもつような環境に引きつけられることがわかった。その三つの要素は、景観設計家や不動産業者なら直感的に理解できるものだが、まず人びとは眺めを見下ろせる高台を希望する。次に、樹木や低木が点在するサバンナのような広い地形を好む。三番目に彼らは川や湖といった水の近くを望む。たとえこれらの要素が機能的でなく、たんに美的感覚の問題にすぎなくても、人びとはこの景観に対して巨額の金を払うだろう。人びとはさらにもう二つの別の要素を探し求める。住むための隠れ家と、収穫物を探し歩くための実り豊かな土地の眺望、この両方を望む。しかも遠くには大きい動物がちらほらいて、ほとんど水平に低く枝を張った木が生えている眺望を求めるのだ。

ここで大きく息を吸いこみ歴史の深海に潜ることを許されるなら、そこまではついていきたくないと言われるかもしれないが、人びとは簡単に言えば人類が何百万年もかけて進化してきた環境に戻りたがるのだ。つまり、アフリカ的な自然環境で低木に身を隠したり、岩壁を背に立ってサバンナやそれに続く、アカシアやそれと同類の樹木が優勢を占める森林を眺めたいのだ。なぜそれがいけないのだろうか？　すべての動くことのできる動物は、自分の生息地の選択にさいして、強力な、ときには非常に巧みな、本能的指向をもっている。人間がそうであってはいけないわけはないだろう。

ふたたび話を戻すが、生物学的に重要な、性的魅力の基本になる性的美学の領域には、好まれる女性の顔の美しさを客観的に分析するという問題がある。実験で主観的に好まれる理想的な顔立ちは、かつて考えられていたような、正確に平均的な顔ではない。コンピューターで速やかに合成できるような、ふつうの女性の顔を平均化したものではない。顔の各造作についてもっとも魅力的とされる形を平均し、それをコンピューターで合成したようなものだ。理想像は、顔の大きさに比べて平均より高い頬骨をもち、平均より小さな顎と短い上唇、大きい目をもっている。進化生物学者は、この特性は比較的若くまだ生殖能力のある女性の顔に見られる若さの特徴だと推測するかもしれない。これが不合理だと思うなら、女子大学院生と再婚した中年の教授に聞いてみるとよい。

私たちはこのような先天的審美基準について、どの程度知っているであろうか？　あまり多くはわかっていない。遺伝学や後成的規範に関する神経生物学についてはほとんど知らない——調べた結果不十分だとわかったからではなく、また、技術的に手に負えないからでもなく、ただたんに研究されなかったからである。ごく最近になってやっと、研究者たちは境界領域の分野においても適切な疑問を呈しはじめるようになった。

人間性、すなわち知的発達の結果、身につけた後成的規範ができあがる過程では、遺伝的進化と文化的進化が密接に織りまじる。私たちはまだその過程の特質についておぼろげに理解しはじめたばかりである。私たちは、文化的進化が生物学によって実質的に形づくられたことや、脳、とくに新皮質の生物学的進化は社会的状況のなかで生じたことなどを知っている。しかしその原理や詳細は、私が前述したように、最近台頭しつつある境界領域のなかで大いに研究していくべき今後の課題である。私の意見では、遺伝子と文化の同時進化の正確な過程を知ることは、社会科学の中心的な問題であると同時に人文科学研究の課題の多くの部分を占め、かつ自然科学に残された大きい難題のひとつである。それを解決すれば、枝分かれした学問の分野を根本的に統合する有効な手段が見つかるであろう。

生物学者と社会科学者、それに人文科学者たちは境界領域内で出会うことにより、私がこの章で例証したり考察したりしてきたような後成的規範の例が増えていることに気がつきはじめた。学者たちがこれらの現象に研究の焦点をはっきりと当てるようになれば、さらに多くの規範に光が当たるものと確信する。

複雑な社会文化的な構造に対して、生物学的な基盤をつくろうとする考えは、多くの学者たちの意に沿わないということは私もよく承知している。彼らの反論は、これらの遺伝的法則性は、実証されたというには発見された例が少なすぎること、どの場合も高度な精神過程と文化的進化の状況が複雑で変わりやすく、今わかっている法則では説明しきれないという点にある。彼らの意見によると、還元主義は人間の思考を文脈から関係ないものとして扱い、生体解剖をするようなものであり、芸術家が本当に意図した意味を血で洗い流してしまうようなものだという。インカ帝国時代の金を溶かしてしまうというのだ。

しかし、最初の酵素や、そのほかの複雑な有機分子が発見されたとき、生命の特質に関して生気論者が同じことを言った。早い段階で、比較的簡単な分子が遺伝情報の運び屋として指摘されたときでも、遺伝の身体的原理について同じことを明言した人がいる。ごく最近では、精神活動も身体的原理である程度説明できるという理論に投げかけられていた疑問が、精密な映像化技術の成功の前に色あせてきている。自然科学の歴史のなかでは、一連の似たような現象が、予測されたとおり繰り広げられた。複雑な組織の解明への入口は、分析的な調査によって発見される。最初にひとつ、続いてさらにもっとというように系列的な解明が達成されていく。組織の全体像が明らかになるにつれ事例が増え、組織の基礎構造が見えてくる。最後に謎が、少なくとも部分的にでも解けたときに振り返ってみると、その因果関係の説明は明白であり、必然的だったように見えるものだ。

一体化の計画――もっと哲学的な表現を好むなら啓蒙主義計画の見直しとでも言おうか――の価値は、私たちが最終的に学問の基礎の統合を達成するか、あるいはその考えを放棄するかのいずれの場合にも、そのために必要な手段を手に入れたように思えることである。私は、私たちが学問の統合を達成しようとしていると思う。

引用文献

1. Snow, C. P. 1959. *The two cultures and the scientific revolution*. New York: Cambridge Univ. Press.
2. Whewell, W. 1840. *The philosophy of the inductive sciences*. London: J. W. Parker.
3. Wilson, E. O. 1998. *Consilience: The unity of knowledge*. New York: Alfred A. Knopf.

謝辞

私たちは、シンポジウム「生物学――新しい千年紀への挑戦」を企画し、そこで発表した論文をこの本にまとめて出版するために貢献してくださったすべての人びと、そして組織に深く感謝の気持ちを捧げます。

シンポジウムの準備は一九九七年一一月二二日に始まりました。この日、全米生物科学協会（AIBS）の理事会が開かれ、二〇〇〇年総会の準備委員長に当時のバレット理事長が指名されました。彼は、二〇世紀に生物学が達成した業績を振り返り、二一世紀の新たな機会と課題を展望するために、国際的にも認められた研究者を招待しようと提案しました。

バレットは協会の第五一回目の会議にあたる二〇〇〇年の会議は、協会が一九四七年に創設されて以来ずっと本部のある首都ワシントンで開くべきだと感じていました。また、スミソニアン協会に共催を依頼すべきだとも感じていました。一九九八年三月一七日、彼は長年の友人で同僚のホフマン（Robert Hoffmann）からスミソニアン協会事務局長の上級プログラムアドバイザーのシュナイダー（Barbara Schneider）を紹介され、会議について話しあいました。そして翌月二三日、彼はスミソニアン協会のオッコーナー（J. Dennis O'Conner）事務局長に、会議の計画を了承してもらうために手紙を送りました。

ホフマンはバレットと共同で、一二人の委員からなる準備委員会の議長を務めることに合意しました。A

ＩＢＳを代表するメンバーはハリス（Frank Harris）、ホルジンガー（Kent Holsinger）、モーリー（Marilynn Maury）、オグラディー（Richard O'Crady）、そしてスウェイン（Hilary Swain）でした。スミソニアン協会を代表するメンバーはデズモンド（Kathleen Desmond）、クレス、ロビンソン（Michael Robinson）、シュナイダー、そしてウィッガム（Dennis Whigham）でした。この準備委員会が提供してくれた時間と努力、そしてアイデアは、会議の開催だけでなくこの本の出版の基盤構築にも大きな助けとなりました。そのことを私たちは今後ずっと感謝しつづけるでしょう。スミソニアン城で初会合が開かれた九八年一一月二〇日、委員たちはシンポジウム「生物学――新しい千年紀への挑戦」を二〇〇〇年三月二二〜二四日に開くことで合意しました。

準備委員会は次に、ＡＩＢＳの執行委員会やスミソニアン協会のほかのメンバーとも相談しながら、何人かの研究者のリストをつくりあげました。彼らの生物学への貢献に対して栄誉をたたえ、基調講演を行なってもらうためです。基調講演で言及された分野は、行動学から保全、発生生物学、生物多様性、動態学、エネルギー論、進化、統合、そして調節機構にまでおよびました。

シンポジウムの形式について合意に達した後、準備委員会とＡＩＢＳの執行委員会は、スミソニアン出版局のキャネル（Peter F. Cannell）局長と、シンポジウムでの講演を出版することに合意しました。クレスとバレットが本の共同編者になることに同意し、講演者となる研究者たちも事後の出版を了承しました。

私たちは、出版に合意してくださったこれらの著名な研究者たちに心から感謝します。彼らのおかげでこの本の出版が実現しました。ひとつの章を追加してくれたラブジョイにも大きな恩恵を受けています。さらに、各章を査読してくださった次の方々たちにも特別にお礼を申し上げます。（ABC順）Brian Boom (New York Botanical Garden)、Jane Brockmann (University of Florida)、Paula DePriest (Smithsonian Institution)、Patricia Gensel (University of North Carolina)、Patricia Gowaty (University of Georgia)、Gary Hartshorn (Duke University)、Linda Kohn (University of Toronto)、Gary Krupnick (Smithsonian Institution)、Richard Norgaard (Berkeley, California)、Lynne Parenti (Smithsonian Institution)、Hilary Swain (Archbold Biological Station)、Amy Ward (University of Alabama)、Judith Weis (Rutgers University)。最終段階の編集作業を手伝ってくれたJulie Barcelonaにも感謝します。

最後に、私たちの努力を結実させてくれたキャネルの励ましと有意義な助言に謝意を述べます。彼の本と友人への大きな愛情に感謝して、この本を彼に捧げたいと思います。

【ヤ行】

【ラ行】

【ワ行】

【ナ行】

【ハ行】

【マ行】

索引

著者紹介

ゲーリー・W・バレット（Gary W. BARRETT）
米ジョージア大学生態学研究所（the Institute of Ecology at the University of Georgia）のオダム記念教授。一九九四～九六年には同研究所所長を務めた。米オハイオ州マイアミ大学（Miami University）の生態学特別教授時代には、環境科学・生態学研究所（the Institute of Environmental Sciences and Ecology Research Center）を創設した。全米科学財団（the National Science Foundation）の生態学プログラムディレクターや全米生物科学協会（the American Institute of Biological Sciences）の会長をはじめ、多数の科学委員会や学会の会長も歴任。米オークランド市大学を卒業後、米マーケット大学で修士号、ジョージア大で博士号取得。

ダニエル・H・ジャンセン（Daniel H. JANZEN）
熱帯雨林についての理解と保全に貢献してきた。米ミネソタ大学で植物学と昆虫学を専攻したのち、米カリフォルニア大学バークレー校で博士号取得。ミシガン大学（the University of Michigan）の教授などを経て現在はペンシルバニア大学（the University of Pennsylvania）の教授（生物学）。四つの専門誌の編集委員や熱帯学協会（the Organization for Tropical Studies）の理事などを務めてきた。京都賞をはじめ多数の賞を受賞。コスタリカの保全プログラムの技術アドバイザーでもある。

W・ジョン・クレス（W. John KRESS）
米ハーバード大学で生物学の教育を受けたのち、米デューク大学で博士号取得。スミソニアン協会自然史博物館の植物部部長、デューク大学（Duke University）の非常勤教授（生物学）。米国立熱帯植物園（National Tropical Botanical Garden）などの名誉キューレーターや、マリー・セルビー植物園（Marie Selby Botanical Gardens）の研究部長などを歴任。熱帯生物学協会（the Association for Tropical Biology）の会長なども務めた。熱帯の単子葉植物の保全や系統発生、分類などについて多くの野外調査を行ってきた。

ジーン・E・ライケンズ（Gene E. LIKENS）

北米の酸性雨の発見で国際的によく知られる。ハバード・ブルック生態系研究（the Hubbard Brook Ecosystem Study）の創始者の一人。米インディアナ州のマンチェスター大学を卒業後、米ウィスコンシン大学で博士号取得。一九八三年にニューヨーク植物園（the New York Botanical Garden）に入り、そこで生態系研究所（the Institute of Ecosystem Studies; IES）を創設。九三年にＩＥＳが独立して教育と研究を目的とする非営利組織となった際に、会長兼所長に就任した。米科学アカデミーをはじめ複数の国の科学アカデミー会員。全米生物科学協会の「生涯業績賞」をはじめ、受賞歴も多い。

トーマス・E・ラブジョイ（Thomas E. LOVEJOY）

熱帯生態学と保全生物学の著名な研究者。熱帯雨林消滅の問題について、一般市民の関心を高めるのに貢献した。一九八〇年に「生物多様性」という言葉を創り、ブラジルのアマゾン地方などの保全プロジェクトを始めた。世界自然保護基金（WWF）米国支部の副総裁や、世界銀行の生物多様性に関する主任アドバイザー、全米生物科学協会会長なども務めた。ブラジル政府から勲章を受けた最初の環境科学者でもある。現在はスミソニアン協会の生物多様性と環境問題に関する顧問。米イェール大学を卒業後、そこで博士号取得。

リン・マーギュリス（Lynn MARGULIS）

著名な進化生物学者の一人。とくに「連続内部共生（進化）説（serial endosymbiosis theory）」は、生物多様性の起源に関するもっとも重要な解釈のひとつだ。一九八八年以来、米マサチューセッツ大学（the University of Massachusetts）地球科学学部の特別教授。米航空宇宙局（NASA）の先端研究所（Institute for Advanced Consepts）科学委員会のメンバーや、米科学アカデミーなどの会員。『Five Kingdoms』などの著書がある。米シカゴ大学を卒業後、ウィスコンシン大学で修士号、カリフォルニア大学バークレー校で博士号を取得。

エルンスト・マイヤー（Ernst MAYR）

統合的な進化生物学研究における中心人物。種分化や系統分類学、鳥類学、そして科学哲学の分野で大きく貢献してきた。一九二六年に独ベルリン大学を卒業後、同大動物博物館のアシスタント・キューレーターに。一九三一〜五三年は、米自然史博物館のキューレーターを務めた。五三年、ハーバード大学教授（動物学）に就任。進化学協会（the Society for the Study of Evolution）などの会長を歴任。米科学アカデミーなどの会員。バルザン賞や国際生物学賞、ベンジャミン・フランクリン賞をはじめ、受賞歴も多い。

ゴードン・H・オリアンズ（Gordon H. ORIANS）

米ワシントン大学（the University of Washington）名誉教授。一九六〇年以来、同大教授（動物学）や同大環境研究所（the Institute of Environmental Studies）の所長を務めてきた。ウィスコンシン大学卒業後、カリフォルニア大学バークレー校で博士号取得。熱帯学協会（the Organization for Tropical Studies）や米生態学会（the Ecological Society of America）の会長やWWFの理事などを歴任。米科学アカデミーなどの会員。複数の専門誌の編集長や編集委員を務める。行動生態学や鳥の群集の構造に関する研究に加え、科学研究と環境政策の橋渡し役としても貢献してきた。

ギリアン・T・プランス（Ghillean T. PRANCE）

英コーンウォール地方のエデン・プロジェクトの科学ディレクター、英レディング大学（Reading University）の非常勤教授、米ハワイ州の国立熱帯植物園（the National Tropical Botanical Garden）の教授を兼務する。一九八八〜九九年まで、英王立キュー植物園（the Royal Botanic Gardens at Kew）の園長。一九六三〜八八年の間は、ニューヨーク植物園で科学部門の副部門長などを務めた。米植物分類学者協会（the American Association of Plant Taxonomists）や熱帯生物学会（the Association for Tropical Biology）などの会長を歴任。国際コスモス賞をはじめ受賞歴も多数。研究の関心は、とくにブラジル・アマゾン地方の持続可能な開発や熱帯雨林の保全。英オックスフォード大学キーブル校で博士号取得。

マーベリー・H・ウェイク（Marvalee H. WAKE）

カリフォルニア大学バークレー校統合生物学部の学部長。統合比較生物学会（the Society for Integrative and Comparative Biology）や国際生物科学連合（the International Union of Biological Scinences）の会長。国際的な生物多様性研究プログラム「DIVERSITAS」の創始者の一人でもある。全米生物科学協会の理事をはじめ、さまざまな委員会や理事会のメンバーも務める。進化形態学者としての教育を受け、統合的な生物学者としての信念をもって研究をしている。米南カリフォルニア大学で動物学の博士号取得。

エドワード・O・ウィルソン（Edward O. WILSON）

修士号まで米アラバマ大学で取得し、博士号はハーバード大学で取得。現在はハーバード大学の比較動物学博物館の研究教授（昆虫学）と名誉キューレーターを務める。ピューリッツァー賞を受賞した二冊の著書のほか、進化や行動学、生物多様性の保全について多くの論文や著書がある。国際生物学賞をはじめ受賞歴も多い。米自然史博物館や国際保全協会（Conservation International）などの理事も務める。

訳者紹介

大岩ゆり（おおいわ・ゆり）

朝日新聞社・科学医療部記者。国際基督教大学を卒業後、朝日新聞社に入社。ニュース週刊誌「アエラ」編集部や政治部、月刊科学誌「サイアス」編集部などを経て現職。特に関心があるのは進化学や発生生物学、免疫学を中心にした生命科学。

生物学！——新しい科学革命

二〇〇三年五月三〇日初版発行

編者——ジョン・クレス＋ゲーリー・バレット
訳者——大岩ゆり
発行者——土井二郎
発行所——築地書館株式会社
東京都中央区築地七-四-四-二〇一　〒一〇四-〇〇四五
電話〇三-三五四二-三七三一　FAX〇三-三五四一-五七九九
ホームページ=http://www.tsukiji-shokan.co.jp/
組版——ジャヌア3
印刷・製本——株式会社シナノ
装丁——桜木楓

　ISBN 4-8067-1264-7 C0045

くわしい内容はホームページで。URL=http://www.tsukiji-shokan.co.jp/

◉総合図書目録進呈。ご請求は左記宛先まで。
〒一〇四―〇〇四五　東京都中央区築地七―四―四―二〇一　築地書館営業部
《価格（税別）・刷数は、二〇〇三年五月現在のものです。》

●生物多様性の本

温暖化に追われる生き物たち

生物多様性からの視点

堂本暁子＋岩槻邦男［編］　◉3刷　三〇〇〇円

地球温暖化により、動植物の世界では何が起きるのか――プランクトン、昆虫、植物から人間まで、気鋭の研究者たちがフィールドの最前線から報告する。朝日新聞・天声人語などで紹介。

移入・外来・侵入種

生物多様性を脅かすもの

川道美枝子＋岩槻邦男＋堂本暁子［編］　◉2刷　二八〇〇円

移入種・外来種――何が問題なのか。世界各地でいま何が起きているのか。日本のブラックバスから北米の日本産クズまで、第一線で活躍する内外の研究者一八名が最新のデータをもとに分析・報告する。

「百姓仕事」が自然をつくる

2400年めの赤トンボ

宇根豊［著］　◉2刷　一六〇〇円

田んぼ、里山、赤トンボ……美しい日本の風景は農業が生産してきた。生き物のにぎわいと結ばれてきた、百姓仕事の心地よさと面白さを語りつくすニッポン農業再生宣言。

自然再生事業

生物多様性の回復をめざして

鷲谷いづみ＋草刈秀紀［編］　二八〇〇円

失われた自然を取り戻すために「自然再生」とはどのようにあるべきか。日本のＮＧＯが模索してきた事例や歴史とともに、第一線の研究者、フィールドワーカー、行政担当者がそれぞれの現場から詳述する。

くわしい内容はホームページで。URL=http://www.tsukiji-shokan.co.jp/

●森・川と環境の本

流域一貫

森と川と人のつながりを求めて

中村太士［著］　二四〇〇円

北アメリカ、ヨーロッパ、中国、釧路湿原などの先進事例、調査事例を紹介しながら、森林、河川、農地、宅地と分断された河川流域管理を繋ぎ直すために、総合的な土地利用のあり方を提言する。

アメリカの国立公園

自然保護運動と公園政策

上岡克己［著］　二八〇〇円

アメリカの国立公園の成立・発展過程を詳細にたどりながら、アメリカにおける自然観や環境意識の変遷を、自然保護運動を担った活動家、思想家、作家達の群像を通して問い直す。ユニークなアメリカ近現代史。

エコシステムマネジメント

柿澤宏昭［著］　二八〇〇円

生物多様性の保全を可能にする社会と自然の関係とは？ 経済・社会開発と生態系保全を両立させるエコシステムマネジメントという新しい手法を、日本で初めて本格的に紹介する。アメリカでの行政・企業・市民・専門家の協働による実践事例をもとに冷静に評価・分析する。

川とヨーロッパ

河川再自然化という思想

保屋野初子［著］　二四〇〇円

ヨーロッパではなぜ、堤防を崩して広大な氾濫原を復活させているのか。その背景を景観保全運動、水資源管理政策の変遷からEUの河川管理法制にまでおよぶ取材で明らかにし、日本の水政策の進路を指し示す。

くわしい内容はホームページで。URL=http://www.tsukiji-shokan.co.jp/

●バイオマス産業社会を考える本

アマゾンの畑で採れるメルセデス・ベンツ

［環境ビジネス＋社会開発］最前線

泊みゆき＋原後雄太［著］　◉3刷　一五〇〇円

企業戦略と持続可能な社会開発・熱帯林再生の幸福な両立……「ポエマ計画」と呼ばれ、現在37の自治体が参加している社会開発プロジェクトの成功例を、ドイツ・ブラジルでの取材をとおして克明に描き出す。

バイオマス産業社会

「生物資源（バイオマス）」利用の基礎知識

原後雄太＋泊みゆき［著］　二八〇〇円

これまでの公共事業にかわる農林産地の活性化・雇用創出と、国内で生産できる再生可能なエネルギー資源として期待されるバイオマス（＝生物資源）。「バイオマス」利用についての包括的なガイドブック。

森林ビジネス革命

環境認証がひらく持続可能な未来

ジェンキンス＋スミス［著］

大田伊久雄＋梶原晃＋白石則彦［編訳］　四八〇〇円

森林／木材認証制度に取り組み、市場のなかで利潤を上げている先進的なビジネス・ケーススタディを紹介。林業再生への示唆に富むリポート。

樹木学

ピーター・トーマス［著］　熊崎実＋浅川澄彦＋須藤彰司［訳］

◉2刷　三六〇〇円

木々たちの秘められた生活のすべて。生物学、生態学がこれまで蓄積してきた樹木についてのあらゆる側面を、わかりやすく、魅惑的な洞察とともに紹介した、樹木の自然誌。